L. L

Arithmetik und Algebra
Aufgaben

6. Auflage

Birkhäuser

CIP-Titelaufnahme der Deutschen Bibliothek
Locher-Ernst, Louis:
Arithmetik und Algebra : Aufgaben / L. Locher-Ernst. – 6. Aufl. –
Basel : Birkhäuser, 1990
ISBN-13: 978-3-7643-2451-3   e-ISBN-13: 978-3-0348-9262-9
DOI: 10.1007/978-3-0348-9262-9

ÜBERSICHT

Übungsaufgaben

Gruppe A. *Vorübungen*

1. Jede von 2 und 3 verschiedene Primzahl gibt, durch 6 geteilt, entweder den Rest 1 oder den Rest 5, hat also die Form $6n + 1$ oder $6n - 1$.

2. Wie heisst die n-te gerade Quadratzahl und die n-te ungerade Quadratzahl?

3. An einigen Beispielen ist zu zeigen, dass die Potenzregeln auch für die Exponenten 0 und 1 gelten.

4. Das Produkt von drei aufeinanderfolgenden Zahlen ist stets durch 6 teilbar.

5. Multipliziert man zwei natürliche Zahlen, die, durch 5 geteilt, die Reste 3 und 4 geben, so liefert das Produkt den Rest 2.

6. Eine Kubikzahl kann, durch 7 geteilt, nur den Rest 0 oder 1 oder 6 liefern.

7. Welche Reste liefert bei der Teilung durch 5 der Kubus einer Zahl, die, durch 5 geteilt, den Rest 1 (oder 2, 3, 4) ergibt?

8. Eine vierte Potenz kann, durch 5 geteilt, nur den Rest 0 oder 1 geben.

9. Das Produkt von drei aufeinanderfolgenden ungeraden Zahlen gibt, durch 5 geteilt, den Rest 0 oder 2 oder 3.

10. Man wähle vier beliebige Ziffern, die aber nicht alle gleich sind, und bilde mit ihnen die grösstmögliche und die kleinstmögliche Zahl (Dezimalsystem). D sei deren Differenz. Besteht D aus weniger als vier Ziffern, so nehme man noch Nullen hinzu, bis man wieder vier Ziffern hat. Mit diesen verfahre man gleich wie mit den Ausgangsziffern. So fahre man weiter, bis sich etwas Merkwürdiges ergibt.

11. $A, B, C, \dots$ sind beliebige Punktmengen in der Ebene. Die «Summe» $A + B$ ist erklärt als die *Vereinigungsmenge*, bestehend aus allen denjenigen Punkten, die mindestens einer der Mengen A, B angehören. Das «Produkt» $A \cdot B$ ist erklärt als die *Durchschnittsmenge*, bestehend aus allen denjenigen Punkten, die sowohl zu A als auch zu B gehören.

Man bestätige an Beispielen, dass diese Operationen den folgenden Gesetzen genügen:

$$A + B = B + A, \qquad\qquad A \cdot B = B \cdot A,$$
$$(A + B) + C = A + (B + C), \qquad (A \cdot B) \cdot C = A \cdot (B \cdot C),$$
$$(A + B) \cdot C = A \cdot C + B \cdot C, \qquad A \cdot B + C = (A + C) \cdot (B + C),$$
$$A + A = A, \qquad\qquad A \cdot A = A,$$
$$A + A \cdot B = A, \qquad\qquad A \cdot (A + B) = A.$$

12. Im Dualsystem darzustellen:

$$\frac{1}{2}, \quad \frac{1}{3}, \quad \frac{1}{4}, \quad \frac{1}{5}, \quad \frac{1}{6}, \quad \frac{1}{7}.$$

13. Im Dualsystem darzustellen:

$$\frac{37}{64}, \quad \frac{19}{28}, \quad \frac{37}{56}.$$

14. Die folgenden periodischen Dualbrüche sind in gewöhnliche Brüche zu verwandeln: $0{,}\underline{110}\,\underline{110}\ldots$ und $0{,}10\,\underline{100}\,\underline{100}\ldots$ und $0{,}111\,\underline{100}\,\underline{100}\ldots$.

15. Man gebe sieben Zahlenbeispiele für den folgenden Satz: Die allgemeine Lösung der Gleichung $x^2 + y^2 = z^2$ in natürlichen Zahlen mit teilerfremden x, y und mit geradem x (es können x und y nicht beide ungerade sein; warum?) wird gegeben durch

$$x = 2\,a\,b, \quad y = a^2 - b^2, \quad z = a^2 + b^2,$$

wobei a, b teilerfremde natürliche Zahlen sind, die nicht beide gerade oder beide ungerade sind.

16. Man gebe sieben Zahlenbeispiele für den folgenden Satz: Jede Zahl von der Form $z = x^2 + 7\,y^2$, wobei x und $7\,y$ teilerfremd sind, hat die folgende Eigenschaft: Jeder ungerade Primfaktor von z ist wieder die Summe von einem Quadrat und dem Siebenfachen eines Quadrates.

Gruppe B. *Grundgesetze des Addierens, Multiplizierens und Potenzierens*

1. $(a\,b)^3\,(b\,c)^3\,(c\,a)^3 = ?$ $(u^3)^2\,(v^2)^3\,(u^2)^3\,(v^3)^2 = ?$
$(x^4\,y^3\,z^2)^3\,(x^3\,y^2\,z^4)^2\,(x^2\,y^4\,z^3)^4 = ?$

2. Welche Potenz von 7 (und von 3) liegt zwischen 10^7 und 10^8?

3. Man bestimme den kleinsten Exponenten x, für den 3^x grösser als 2^{12} wird (für den 5^x grösser als 10^8 wird).

4. Man berechne 3^{3^1}, 3^{2^1}, 2^{3^1}, $(3^3)^2$, $(3^2)^3$, $(2^3)^3$.

5. Womit ist a^7 zu multiplizieren, damit sich a^{14} oder a^{10} oder $(a\,b)^7$ oder $(a\,b)^8$ ergibt?

6. 2^{24} ist als Potenz von 16, von 256, von 64 zu schreiben.

7. In Formeln zu setzen:
a) Eine Summe mit einer Summe oder mit einem Produkt oder mit einer Potenz zu potenzieren.
b) Zu einem Produkt eine Summe oder ein Produkt oder eine Potenz zu addieren.
c) Ein Produkt mit einer Summe oder mit einem Produkt oder mit einer Potenz zu multiplizieren.

8. Die Summe der Quadrate der vier Zahlen a, b, c, $a + b + c$ ist immer gleich der Summe der Quadrate der drei Zahlen $a + b$, $b + c$, $c + a$.

9. Das um 1 vergrösserte Produkt der Zahlen x, $x + 1$, $x + 2$, $x + 3$ ist gleich dem Quadrat der Zahl $x^2 + 3\,x + 1$.

10. $(a + 1)^6 = ?$ $\qquad (a + 2)^4 = ?$ $\qquad (2\,a + 1)^5 = ?$
$(2\,a + 3)^4 = ?$ $\qquad (2\,x^2 + y)^6 = ?$ $\qquad (2\,x + y^3)^5 = ?$

11. $X = 3\,x + 2\,y + 1$, $Y = 4\,x + 3\,y + 2$.
Man beweise: $X^2 + (X + 1)^2 = Y^2$, sofern $x^2 + (x + 1)^2 = y^2$.
Man bestimme X, Y für $x = 3$, $y = 5$ und weitere Paare.

12. Gitter. Zu jedem Gitterpunkt schreibe man die Anzahl der kürzesten Wege (nur auf den Gitterstrecken), die von A zu ihm hinführen.

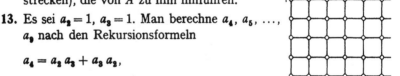

13. Es sei $a_2 = 1$, $a_3 = 1$. Man berechne a_4, a_5, $\ldots$, a_9 nach den Rekursionsformeln

$$a_4 = a_2\,a_3 + a_3\,a_2,$$

$$a_5 = a_2\,a_4 + a_3\,a_3 + a_4\,a_2,$$

$$a_6 = a_2\,a_5 + a_3\,a_4 + a_4\,a_3 + a_5\,a_2 \text{ usw.}$$

(a_n bedeutet die Anzahl der Möglichkeiten, ein ebenes konvexes n-Eck durch Diagonalen in Dreiecke zu zerlegen.)

14. Man bestimme die Summe der sämtlichen Teiler (ausgenommen der Zahl selbst) von 496 und 8128 und 33 550 336.

15. Man bestimme die Summe der sämtlichen Teiler (ausgenommen der Zahl selbst) der beiden Zahlen 1184 und 1210, 2620 und 2924, 6232 und 6368, 10 744 und 10 856.

Gruppe C. *Die drei Grundoperationen*

1. $y = (a x^2 - b c x - a b c) + (b x^2 - c a x - a b c) + (c x^2 - a b x - a b c)$
für $x = a$, $x = b$, $x = c$ und für $x = a - b$, $x = b - c$, $x = c - a$.

2. Bestimme $p + q + r + s$, $p + q + r - s$, $p + q - r + s$
für $p = (a - b) - (c - d)$, $q = (b - c) - (d - a)$,
$r = (c - d) - (a - b)$, $s = (d - a) - (b - c)$.

3. Zu beweisen: Für $s = a + b$ und $p = a b$ gelten die Formeln
$a^2 + b^2 = s^2 - 2p$, $a^3 + b^3 = s^3 - 3 s p$, $a^4 + b^4 = s^4 - 4 s^2 p + 2 p^2$,
$a^5 + b^5 = s^5 - 5 s^3 p + 5 s p^2$, $a^6 + b^6 = s^6 - 6 s^4 p + 9 s^2 p^2 - 2 p^3$.

4. Zu beweisen: $(a^2 + b^2) (A^2 + B^2) = (a A + b B)^2 + (a B - b A)^2$.
In Worten? Beispiele?

5. $(a + b) (a - b) = ?$ $\qquad (a^3 + a^2 b + a b^2 + b^3) (a - b) = ?$
$(a^2 + a b + b^2) (a - b) = ?$ $\quad (a^6 + a^5 b + \cdots) (a - b) = ?$
Allgemein?

6. Zu beweisen: $(a^2 + b^2 + c^2 + d^2) (A^2 + B^2 + C^2 + D^2)$
$\qquad = (a A - b B - c C - d D)^2 + (a B + b A + c D - d C)^2$
$\qquad\quad + (c A + a C + d B - b D)^2 + (a D + d A + b C - c B)^2$.
In Worten? Beispiele?

7. $(a + b - c) (a + b) + (b + c - a) (b + c) + (c + a - b) (c + a) = ?$

8. $(a + b + c + d)^2 + (a - b - c + d)^2 + (a - b + c - d)^2$
$\qquad\qquad\qquad\qquad\qquad + (a + b - c - d)^2 = ?$

9. $(a + b - c) (b + c - a) (c + a - b) + (a + b + c)^3$
$\qquad\qquad\qquad + 4 [a b c - (a + b) (b + c) (c + a)] = ?$

10. $(a + b + c)^3 - (b + c - a)^3 - (c + a - b)^3 - (a + b - c)^3 = ?$

11. Zu beweisen: Alle Glieder der zweiten Differenzenreihe der Quadratzahlen sind gleich 2.

12. Zu beweisen: Alle Glieder der vierten Differenzenreihe der Biquadratzahlen (vierte Potenzen) sind gleich 24. Allgemeines Ergebnis für die k-ten Potenzen?

Gruppe D. *Die drei Grundoperationen. Negative Zahlen*

1. $\{1 - 2 - 3[4 - (5 - 6)(7 - 8) - 9] - 10\}$
$$\times \{10 - 9 - 8[7 - (6 - 5)(4 - 3)] - 2 - 1\} = ?$$

2. $\{-1 - (-2) - (-3)[-4 - (-5 - 6)(-7 - 8) - 9] - (-10)\}$
$$\times \{-10 - (-9) - (-8)[-7 - (-6 - 5)(-4 - 3)] - (-2) - (-1)\} = ?$$

3. $\{(x - 1) - (1 - x)[1 - x(1 - x)]\}$
$$\times \{-(x - 1) - (1 - x)[x - (x + 1)]\} = ?$$

4. $(a - b + c - d)^2 - (-a + b - c + d)^2 + (-a - b + c + d)^2$
$$- (a + b - c - d)^2 = ?$$

5. $[(a - b)^2 + (b - c)^2 + (c - a)^2]^2 - 2[(a - b)^4 + (b - c)^4 + (c - a)^4] = ?$

6. $100 - (5 - 7)\{50 - (-2)[8 - (-3)(-5 + 6) - 4] - 13\} = ?$

7. $\{5 - [5 - (-5)(5 - 10) - 10]\}$
$$\times \{5 - [10 - (-5)(10 - 5) - 10]\} - 5 = ?$$

8. $x - \{x^2 - [x^2 - (1 - x)(2 + x) + 2] - 2\} - 1 = ?$

9. $3a - 2\{a^2 - 3[a - 2(1 - a)(2 + a) - 2] - 2a\} - 12 = ?$

10. $1 - (-a)\{1 - (-a)[1 - (-a)](1 - a^2) - (-a)\} = ?$

11. $1 - (1 - x)\{1 - (1 - x)[1 - (1 - x)] - (1 - x)\} - (1 - x) = ?$

12. $a_{k+1} = a_k + b_k$, $b_{k+1} = a_k - b_k$ $(k = 0, 1, 2, 3, \ldots)$. Beginnend mit a_0, b_0, sind die Grössen a_{10}, b_{10}, a_{2n}, b_{2n} zu bestimmen.

13. $x^n + y^n = s_n$ ist durch die Summe $s = x + y$ und das Produkt $xy = p$ auszudrücken. Man beweise zuerst $s_n = s_{n-1}s - p\,s_{n-2}$ und setze dann $n = 2, 3, \ldots$. Wie heisst s_7?

14. $(a + b)^7 - 7ab(a + b)^5 + 14a^2b^2(a + b)^3 - 7a^3b^3(a + b) = ?$

15. Man bestimme mit $(1 + 1)^n$ und $(1 - 1)^n$ die Summen

$$\sum_{k=0}^{n}\binom{n}{k}, \qquad \sum_{k=0}^{n}(-1)^k\binom{n}{k}. \qquad \text{Proben.}$$

16. Man beweise:

$$\sum_{k=1}^{n} k = \frac{1}{2}n(n + 1).$$

17. Man schreibe die Identitäten $k^3 - (k - 1)^3 = 3k^2 - 3k + 1$ für $k = 1, 2, 3, \ldots, n$ untereinander und addiere. Es ergibt sich hieraus

$$\sum_{k=1}^{n} k^2 = \frac{1}{6}n(n + 1)(2n + 1).$$

18. Man setze in $k^4 - (k-1)^4 = 4k^3 - 6k^2 + 4k - 1$ nacheinander $k = 1, 2, 3, \ldots, n$ und schreibe die Identitäten untereinander und addiere. Es ergibt sich hieraus

$$\sum_{k=1}^{n} k^3 = \frac{1}{4} n^2 (n+1)^2 = \left\{ \sum_{1}^{n} k \right\}^2.$$

19. Es sei $P_k = k(k+1)(k+2)$. In der Identität

$$P_{k+1} - P_k = 3(k+1)(k+2)$$

setze man nacheinander $k = 0, 1, 2, \ldots, n-1$ und addiere. Es ergibt sich hieraus

$$\sum_{k=1}^{n} k(k+1) = \frac{1}{3} n(n+1)(n+2).$$

20. Es sei $P_k = k(k+1)(k+2)(k+3)$. In der Identität

$$P_{k+1} - P_k = 4(k+1)(k+2)(k+3)$$

setze man nacheinander $k = 0, 1, 2, \ldots, n-1$ und addiere. Es ergibt sich hieraus

$$\sum_{k=1}^{n} k(k+1)(k+2) = \frac{1}{4} n(n+1)(n+2)(n+3).$$

Gruppe E. *Die gegebenen Polynome sind in Produkte zu verwandeln*

1. $a^2 x^2 - b^2 y^2$, $4x^2 - 9y^2$, $9x^2 - 1$, $a^2 b^2 c^2 - 1$.

2. $(a+b)^2 - (a-b)^2$, $\quad (a+b)^3 - (a-b)^3$, $\quad (a+b)^4 - (a-b)^4$.

3. $x^2 + ax + bx + ab$, $\quad x^2 - ax - bx + ab$, $\quad x^2 - ax + bx - ab$, $x^2 + ax - bx - ab$. Zum Beispiel $x^2 + 7x + 12$, $x^2 - 7x + 12$, $x^2 + x - 12$, $x^2 - x - 12$.

4. $a^2 + 4ab + 4b^2$, $4a^2 + 12ab + 9b^2$, $8a^3 - 12a^2 + 6a - 1$.

5. $x^2 + 2x + 1 - y^2$, $\quad y^2 - x^2 + 2x - 1$,
$a^2 - b^2 + 2bc - c^2$, $\quad a^2 - b^2 - 2bc - c^2$.

6. $32a^6 - 2a^2$, $2x^6 - 32x^2$, $2x^4 - 16x$, $16a^4 - 2a$.

7. $4x^2 - 4y^2 - 4x + 1$, $\quad x^2 - 4y^2 - 4x + 4$,
$4a^2 - 4c^2 - 12ab + 9b^2$, $9a^2 - 9c^2 + 4b^2 - 12ab$.

8. $3x^2 - 12x - 231$, $3x^2 - 18x - 216$.

9. $a^2 b^2 x y - b^3 y - a^3 x + a b, \ a b x^2 y^2 - b^3 y^2 - a^3 x^2 + a^2 b^2$.

10. $1 - a^3, \ 1 - a^4, \ 1 - a^5, \ 1 - a^6$.

11. $a b + a + b + 1, \ a b - a - b + 1,$
$a b - a + b - 1, \ a b + a - b - 1$.

12. $6 a^2 x + 9 b^2 x + 4 a^2 y + 6 b^2 y, \ 6 a^2 x + 6 b^2 y - 9 b^2 x - 4 a^2 y,$
$6 a^2 x - 6 b^2 y + 9 b^2 x - 4 a^2 y, \ 6 a^2 x + 4 a^2 y - 6 b^2 y - 9 b^2 x$.

13. $729 x^{12} - 1, \ a^{24} b^{12} - 1$.

14. $(9 a^2 - 4 b^2 - c^2)^2 - 16 b^2 c^2$.

15. $4 (a d + b c)^2 - (a^2 - b^2 - c^2 + d^2)^2$.

16. $a^5 - a^4 - a^2 + a, \ a^6 + a^4 - a^2 - a, \ - a^5 + a^4 - a^2 + a$.

17. $a^7 + a^6 - a^3 - a^2, \ a^7 - a^6 + a^3 - a^2$.

18. In Primfaktoren zu zerlegen: $10^6 - 1, \ 10^8 - 1, \ 10^{10} - 1, \ 10^{12} - 1$
($10001 = 73 \cdot 137$, 11111 durch 41 teilbar, 9091 und 9901 sind Primzahlen).

19. Man beweise: $2^{4n+2} + 1 = (2^{2n+1} + 2^{n+1} + 1)(2^{2n+1} - 2^{n+1} + 1)$.

20. In Primfaktoren zu zerlegen (mit Nr. 19): $2^{18} + 1, \ 2^{22} + 1$.

Gruppe F. *Rechnen mit Brüchen*

1. Man numeriere die Glieder der Reihe

$$\frac{1}{60}, \quad \frac{2}{60}, \quad \frac{3}{60}, \quad \cdots$$

mit $1, 2, 3, \ldots$. Welche Nummern kommen den Zahlen

$$\frac{3}{4}, \quad \frac{2}{15}, \quad \frac{7}{3}$$

zu? Allgemeiner für die Reihe

$$\frac{1}{p q r}, \quad \frac{2}{p q r}, \quad \frac{3}{p q r}, \quad \cdots$$

und die Zahlen

$$\frac{1}{p}, \quad \frac{1}{q}, \quad \frac{1}{r}, \quad \frac{1}{p q}, \quad \frac{1}{p} + \frac{1}{q}, \quad \frac{1}{p} + \frac{1}{q} + \frac{1}{r}.$$

2. Man numeriere die Glieder der beiden Reihen

$$\frac{1}{12}, \quad \frac{2}{12}, \quad \frac{3}{12}, \quad \cdots \quad \text{und} \quad \frac{1}{30}, \quad \frac{2}{30}, \quad \frac{3}{30}, \quad \cdots$$

Welche Nummern tragen die gleichgrossen Glieder der beiden Reihen?

Welche Glieder der drei Reihen der Siebentel, der Achtel und der Zwölftel haben denselben Wert?

3. In der Reihe 1, 2, 3, ... der natürlichen Zahlen ist jedes Glied das arithmetische Mittel von gleich weit entfernten Nachbargliedern. In der harmonischen Reihe

$$1, \quad \frac{1}{2}, \quad \frac{1}{3}, \quad \ldots$$

ist jedes Glied das harmonische Mittel von gleich weit entfernten Nachbargliedern.

4. Die Zahl 1 ist durch je drei verschiedene Zahlen a, b, c in den Formen

$$a + b + c, \quad a + b - c, \quad a - b - c, \quad a\,b\,c, \quad \frac{a\,b}{c}, \quad \frac{a}{b\,c}$$

darzustellen.

5. Zu beweisen:

$$\frac{1}{u\,v} = \frac{1}{(u + v)\,u} + \frac{1}{(u + v)\,v}.$$

Man zerlege damit

$$\frac{1}{6}, \quad \frac{1}{8}, \quad \frac{1}{9}, \quad \frac{1}{15}, \quad \frac{1}{2}, \quad \frac{1}{3}$$

in die Summe zweier Brüche. – Man wende die Formel auch auf den Bruch $1/(u + v)\,v$ an und nochmals auf den sich ergebenden ersten Bruch. Es ergibt sich:

$$\frac{1}{u\,v} = \frac{1}{(u + v)\,u} + \frac{1}{(u + 2\,v)\,v} + \frac{1}{(2\,u + 3\,v)\,(u + v)}$$
$$+ \frac{1}{(2\,u + 3\,v)\,(u + 2\,v)}.$$

Man zerlege damit

$$\frac{1}{6}, \quad \frac{1}{15}, \quad \frac{1}{2}, \quad \frac{1}{3}$$

in die Summe von vier Brüchen.

6. Zu beweisen:

$$\frac{1}{k\,(k + 1)} = \frac{1}{k} - \frac{1}{k + 1}.$$

Damit bestimme man die Summe

$$s_n = \frac{1}{1\cdot 2} + \frac{1}{2\cdot 3} + \frac{1}{3\cdot 4} + \cdots + \frac{1}{n\,(n+1)}.$$

7. Zu beweisen:

$$\frac{1}{k\,(k+1)} - \frac{1}{(k+1)\,(k+2)} = \frac{2}{k\,(k+1)\,(k+2)}.$$

Damit bestimme man

$$s_n = \frac{1}{1\cdot 2\cdot 3} + \frac{1}{2\cdot 3\cdot 4} + \frac{1}{3\cdot 4\cdot 5} + \cdots + \frac{1}{n\,(n+1)\,(n+2)}.$$

8. Zu beweisen:

$$\frac{1}{(2k-1)\,(2k+1)} = \frac{1}{2}\left(\frac{1}{2k-1} - \frac{1}{2k+1}\right).$$

Damit bestimme man

$$s_n = \frac{1}{1\cdot 3} + \frac{1}{3\cdot 5} + \frac{1}{5\cdot 7} + \cdots + \frac{1}{(2n-1)\,(2n+1)}.$$

9. Man bestimme

$$s_n = \frac{1}{1\cdot 3} + \frac{1}{2\cdot 4} + \frac{1}{3\cdot 5} + \cdots + \frac{1}{(n-1)\,(n+1)}$$

mit Hilfe von

$$\frac{1}{(k-1)\,(k+1)} = \frac{1}{2}\left(\frac{1}{k-1} - \frac{1}{k+1}\right).$$

10. Man bestimme

$$\frac{1}{2!} + \frac{2}{3!} + \frac{3}{4!} + \cdots + \frac{n-1}{n!}$$

mit Hilfe von

$$\frac{k-1}{k!} = \frac{k}{k!} - \frac{1}{k!} = \frac{1}{(k-1)!} - \frac{1}{k!}.$$

11. $\left(1 - \frac{1}{2}\right)\left(\frac{1}{3} - \frac{1}{4}\right)\left(\frac{1}{5} - \frac{1}{6}\right) \cdots \left(\frac{1}{n-1} - \frac{1}{n}\right) = ?$

12. $\left(1 - \frac{1}{2}\right)\left(\frac{1}{2} - \frac{1}{3}\right)\left(\frac{1}{3} - \frac{1}{4}\right) \cdots \left(\frac{1}{n} - \frac{1}{n+1}\right) = ?$

13. $\left(1 - \frac{1}{2}\right)\left(\frac{3}{4} - \frac{2}{3}\right)\left(\frac{5}{6} - \frac{4}{5}\right)\left(\frac{7}{8} - \frac{6}{7}\right) \cdots \left(\frac{n-1}{n} - \frac{n-2}{n-1}\right) = ?$

14. Man beweise:

$$2^2/_3 \cdot 3^3/_4 \cdot 4^4/_5 \cdot 5^5/_6 \cdot 6^6/_7 = 2 \cdot 4 \cdot 5 \cdot 6 \cdot 8.$$

Allgemein:

$$\left(a + \frac{a}{a+1}\right)\left(a + 1 + \frac{a+1}{a+2}\right)$$

$$\times \left(a + 2 + \frac{a+2}{a+3}\right) \cdots \left(a + n - 2 + \frac{a+n-2}{a+n-1}\right)$$

$$= a\,(a+2)\,(a+3)\cdots(a+n-3)\,(a+n-2)\,(a+n).$$

15. Wenn die Zahlen a, b, c, d, ... eine gewöhnliche arithmetische Reihe mit der Differenz u bilden ($b = a + u$, $c = b + u$, $d = c + u$, ...), so gilt

$$\frac{1}{a\,b} + \frac{1}{b\,c} + \frac{1}{c\,d} + \cdots + \frac{1}{m\,n} = \frac{1}{u}\left(\frac{1}{a} - \frac{1}{n}\right)$$

und

$$\frac{1}{a\,b\,c} + \frac{1}{b\,c\,d} + \frac{1}{c\,d\,e} + \cdots + \frac{1}{l\,m\,n} = \frac{1}{2\,u}\left(\frac{1}{a\,b} - \frac{1}{m\,n}\right).$$

Mit Hilfe von

$$\frac{1}{a + (k-1)\,u} - \frac{1}{a + k\,u} = \frac{u}{[a + (k-1)\,u]\,[a + k\,u]}$$

und

$$\frac{1}{[a + (k-1)\,u]\,[a + k\,u]} - \frac{1}{[a + k\,u]\,[a + (k+1)\,u]}$$

$$= \frac{2\,u}{[a + (k-1)\,u]\,[a + k\,u]\,[a + (k+1)\,u]}.$$

16. Es sei

$$x_{k+1} = 1 + \frac{1}{x_k}.$$

Beginnend mit $x_1 = x$, bestimme man x_{10} und x_{17}.

17. Es sei

$$x_{k+2} = \frac{1}{2}\,(x_{k+1} + x_k).$$

Beginnend mit $x_1 = a$, $x_2 = b$, bestimme man x_{12}.

Gruppe G. *Rechnen mit Brüchen*

1. $\left(1 + \dfrac{1}{2} + \dfrac{1}{3} + \dfrac{1}{4} + \dfrac{1}{5} + \dfrac{1}{6}\right) : \left(\dfrac{1}{2} + \dfrac{1}{3} + \dfrac{1}{4} + \dfrac{1}{5} + \dfrac{1}{6} + \dfrac{1}{7}\right) = ?$

2. Die Zahl $^{7}/_{12}$ in den Systemen mit der Basis 3 bzw. 5, 7, 10, 11 zu schreiben.

3. Die Brüche $^{1}/_{2}$, $^{1}/_{3}$, $^{1}/_{4}$, $^{1}/_{5}$, $^{1}/_{6}$, $^{1}/_{7}$ im Zwölfersystem darzustellen.

4. x sei das arithmetische Mittel der vier Zahlen a, b, c, d. y sei das arithmetische Mittel von d und dem arithmetischen Mittel von a, b, c. Wann ist $x = y$? Zahlenbeispiele.

5. Um wieviel erhöht sich die Durchschnittsnote a aus m Einzelnoten, wenn b die neu hinzukommende $(m + 1)$-te Einzelnote ist? Zahlenbeispiele.

6. Der Grösse nach zu ordnen (a positiv):

$$\frac{a}{a+1}, \quad \frac{a+1}{a+2}, \quad \frac{a+2}{a+3}.$$

7. Wenn

$$\frac{a}{A} < \frac{b}{B} < \frac{c}{C}$$

gilt, dann gilt auch

$$\frac{a+b}{A+B} < \frac{a+b+c}{A+B+C} < \frac{b+c}{B+C}. \qquad \text{Beweis?}$$

8. Zu kürzen:

$$\frac{b^2 - y^2}{(y-b)^2}, \quad \frac{c^2 - b^2}{(b+c)^2}, \quad \frac{25 - 4\,a^2}{2\,a^2 - 5\,a}, \quad \frac{(m-n)^3\,(m+n)^2}{(n^2 - m^2)^2}, \quad \frac{2\,p^2 + 2\,p\,q}{q^2 - p^2},$$

$$\frac{3\,d\,f - 3\,f^2}{(f-d)^2}, \quad \frac{(2\,a\,b - 1) - (2\,a - b)}{(2\,a\,b - 2) - (2\,a - 2\,b)}, \quad \frac{4\,r^2 - 4\,s\,r + s^2 - t^2}{4\,r^2 - 4\,r\,t - s^2 + t^2},$$

$$\frac{x^2 - x - 12}{x^2 - 2\,x - 15}, \quad \frac{x^3 + 6\,x^2 - 16\,x}{x^3 - 8\,x + 7\,x^2}, \quad \frac{x^4 - y^4}{(x^3 + y^3)\,(x - y)},$$

$$\frac{x^2 - 1}{(1 + a\,x)^2 - (x + a)^2}.$$

9. $\dfrac{6\,y^3 - 21 - 16\,x^2\,y^3 + 56\,x^2}{8\,y^3 - 28 + 16\,x^2\,y^3 - 56\,x^2}, \quad \dfrac{33\,u^2 - 143\,u^2\,v^3 - 6 + 26\,v^3}{33\,u^2 + 6 - 143\,u^2\,v^3 - 26\,v^3},$

$$\frac{3\,a^2\,b^2 - 1 - 3\,a^2 + b^2}{3\,a^2\,b^2 - 3 - 3\,a^2 + 3\,b^2}, \quad \frac{1 + 4\,x^3 - 4\,x^3\,y^2 - y^2}{4 + 4\,x^3 - 4\,x^3\,y^2 - 4\,y^2}.$$

10. Auf einen Nenner zu bringen:

$$\frac{3\,x-1}{x-1} - \frac{2\,x-1}{x-2} + \frac{3}{x^2-3\,x+2} - \frac{3\,x-7}{3\,x-3},$$

$$\frac{a}{a-b} + \frac{a}{a+b} + \frac{2\,a^2}{a^2+b^2} + \frac{4\,a^2\,b^2}{a^4-b^4},$$

$$\frac{a+b}{(b-c)\,(c-a)} + \frac{b+c}{(a-c)\,(b-a)} + \frac{c+a}{(a-b)\,(b-c)},$$

$$\frac{b\,c}{(a-c)\,(a-b)} + \frac{a\,c}{(b-c)\,(b-a)} + \frac{a\,b}{(c-a)\,(c-b)},$$

$$\frac{2}{u-v} - \frac{2}{w-v} + \frac{2}{w-u} - \frac{(u-v)^2+(w-v)^2+(u-w)^2}{(u-v)\,(v-w)\,(u-w)}.$$

11. Vereinfachen:

$$\left(\frac{1+a}{1-a} - \frac{1-a}{1+a}\right)\left(\frac{3}{4\,a} + \frac{a}{4} - a\right),$$

$$\left(\frac{r-s}{r+s} + \frac{r+s}{r-s}\right)\left(\frac{r^2+s^2}{2\,r\,s} + 1\right)\frac{r\,s}{r^2+s^2}, \qquad \left(\frac{2\,x}{x-z} - \frac{x+z}{x}\right)\frac{x-z}{z^2+x^2}.$$

12. $$\frac{1}{(a+b)^2}\left(\frac{1}{a^2} + \frac{1}{b^2}\right) + \frac{2}{(a+b)^3}\left(\frac{1}{a} + \frac{1}{b}\right),$$

$$\left[\frac{x+y}{2\,(x-y)} - \frac{x-y}{2\,(x+y)} + \frac{2\,y^2}{x^2-y^2}\right]\frac{x-y}{2\,y},$$

$$\left(\frac{1}{m^2-1} - \frac{2\,m}{m^4-1}\right)\left(m+1+\frac{2}{m-1}\right).$$

13. $$\left(\frac{a+b}{a-b} - 1\right) : \left(1 - \frac{a-b}{a+b}\right),$$

$$\left(\frac{1}{1+x} - \frac{1}{1-x}\right) : \left(\frac{1}{1+\frac{1}{x}} + \frac{1}{1-\frac{1}{x}}\right).$$

14. $$\left[\left(\frac{1}{x} - \frac{1}{y+z}\right) : \left(\frac{1}{x} + \frac{1}{y+z}\right)\right] : \left[\left(\frac{1}{y} - \frac{1}{x+z}\right) : \left(\frac{1}{y} + \frac{1}{x+z}\right)\right].$$

15. $$\left[\left(\frac{1}{a} + \frac{1}{b} - \frac{c}{a\,b}\right)(a+b+c)\right] : \left(\frac{1}{a^2} + \frac{1}{b^2} + \frac{2}{a\,b} - \frac{c^2}{a^2\,b^2}\right),$$

$$\left[\left(\frac{1+a}{1-a} - \frac{1-a}{1+a}\right)a^2\right] : \left[\left(\frac{1+a}{1-a} - 1\right)\left(1 - \frac{1}{1+a}\right)\right].$$

16. $y = \dfrac{1-z^2}{1+z^2}$ für $z = \dfrac{1-x}{1+x}$,

ferner $y = \dfrac{1}{x-a} - \dfrac{1}{x-b} - \dfrac{a-b}{x^2-ab}$ für $x = \dfrac{2ab}{a+b}$.

17. $\dfrac{1}{n} + \dfrac{1}{\dfrac{1}{n}-a} - 1$ für $a = \dfrac{1}{\dfrac{1}{n} - \dfrac{1}{n+1}}$.

18. $z = 1 - \dfrac{x}{1+\dfrac{x}{y}}$ für $y = 1 - \dfrac{x}{1+x}$.

19. $\left(1 - \dfrac{1}{1-x}\right) : \left(1 + \dfrac{1}{1+x}\right)$ für $x = a - \dfrac{1}{a+1}$.

20. $z = b - \dfrac{1}{b - \dfrac{1}{y}}$ für $y = b + \dfrac{1}{b-x}$ und $x = \dfrac{1}{b+1}$.

21. $\dfrac{1}{x + \dfrac{1}{x + \dfrac{1}{x + \dfrac{1}{x}}}}$, $\qquad \dfrac{1}{x - \dfrac{1}{x - \dfrac{1}{x - \dfrac{1}{x}}}}$,

$\dfrac{x}{1 + \dfrac{x}{1 + \dfrac{x}{1+x}}}$, $\qquad \dfrac{x}{1 - \dfrac{x}{1 - \dfrac{x}{1-x}}}$.

22. $a - x\left(a - \dfrac{a}{x}\right) - (a+x)\left(a + \dfrac{a}{x}\right) - a\left(a - \dfrac{a}{x}\right)$ für $x = 1 - a$,

$1 - \dfrac{a}{b}\left(1 - \dfrac{a}{x}\right) - \dfrac{b}{a}\left(1 - \dfrac{b}{x}\right)$ für $x = a + b$,

$\dfrac{x}{a+b} + abx - \dfrac{1}{ab}$ für $x = \dfrac{1}{a} + \dfrac{1}{b}$.

23. $\dfrac{1}{x + \dfrac{1}{y - \dfrac{a}{x}}} - \dfrac{1}{x - \dfrac{1}{y - \dfrac{b}{x}}}$ für $\begin{cases} x = \dfrac{1}{2}(a+b+2), \\[2mm] y = (a+b) : (a+b+2). \end{cases}$

24. Zu beweisen:

$$\left(\frac{b}{c} + \frac{c}{b}\right)^2 + \left(\frac{c}{a} + \frac{a}{c}\right)^2 + \left(\frac{a}{b} + \frac{b}{a}\right)^2 - \left(\frac{b}{c} + \frac{c}{b}\right)\left(\frac{c}{a} + \frac{a}{c}\right)\left(\frac{a}{b} + \frac{b}{a}\right) = 4,$$

$$\frac{a^3}{(a-b)(a-c)} + \frac{b^3}{(b-c)(b-a)} + \frac{c^3}{(c-a)(c-b)} = a+b+c.$$

25. Die folgenden Brüche sind zu kürzen, soweit es möglich ist:

$$\frac{a^3 \pm b^3}{a \pm b}, \quad \frac{a^4 \pm b^4}{a \pm b}, \quad \frac{a^3 \pm b^3}{a^2 \pm b^2}, \quad \frac{a^4 \pm b^4}{a^2 \pm b^2}, \quad \frac{a^6 \pm b^6}{a^3 \pm b^3}.$$

26. Wie Nr. 25:

$$\frac{a^6 \pm 1}{a^2 \pm 1}, \quad \frac{a^6 \pm 1}{a^3 \pm 1}, \quad \frac{a^6 \pm 1}{1 \pm a^4}, \quad \frac{1 \pm a^5}{1 \pm a^3}, \quad \frac{1 \pm a^{12}}{a^6 \pm 1}.$$

27. $$\dfrac{a\,\dfrac{b-c}{b+c} + b\,\dfrac{c-a}{c+a} + c\,\dfrac{a-b}{a+b}}{\dfrac{b-c}{b+c} + \dfrac{c-a}{c+a} + \dfrac{a-b}{a+b}} = ?$$

Gruppe H. *Lineare Gleichungen mit einer Unbekannten*

1. Man entscheide, ob eine Identität, eine Forderung oder ein Widerspruch vorliegt:
a) $x - 1 + (x - 1) = 0$, b) $x - 1 - (x - 1) = 0$,
c) $x - 1 - (1 - x) = 0$, d) $x - 1 - (x - 1) = 1$,
e) $x - 1 + (1 - x) = 0$, f) $x - 1 - (x - 2) = 1$,
g) $x - 1 - (x - 2) = 2$, h) $x - 1 + (x - .1) = 1$.

2. $(5 - x)(10 - x) = (4 - x)(13 - x)$.

3. $(b - x)(x + a) - (a + b)(b - x) = 0$.

4. $(5x + 5)^2 + (8x - 16)(3x + 6) - (7x + 3)^2 = 0$.

5. $a(b - x) + c(x - b) = 0$.

6. $a(b - x) + c(b - x) = 0$.

7. $(a - x)(b - x) - (x - a)(x + 5b) - b(b - x) = 0$.

8. $(a + bx)(m - n) = (m + nx)(a - b)$.

9. $(x + a)(x + b) - (x - a)(x - b) = 0$.

10. $(x + a)(x - b) - (x + c)(x - d) = 0$.

11. $(x - a)(x - a^2) - (x - b)(x - b^2) = 0$.

12. $(x + a)(x - a^2) - (x + b)(x - b^2) = 0$.

Locher 2

13. $6x - 7 - 3\{x - 2[2x - 5(10x - 7) - 18]\} = 0.$

14. $a\{a - a[a - a(a - x)]\} = b.$

15. $a\{a + a[a + a(a + x)]\} = b.$

16. $3x - 4\left(1 - \dfrac{2x}{3}\right) = 15 - 7x\left(1 - \dfrac{5}{x}\right) + \dfrac{10}{3}\left(\dfrac{5x}{3} + 3\right).$

17. $\dfrac{1 - 2x}{3} - \dfrac{1 - 3x}{5} - \dfrac{1 - 5x}{7} = \dfrac{x - 2}{3} + \dfrac{2x - 4}{5}.$

18. $\dfrac{a}{x} + c = \dfrac{c}{x} + a.$ 　　　　　　　**19.** $\dfrac{a - cx}{b} - \dfrac{b - cx}{a} = 0.$

20. $\dfrac{a^2 - cx}{b} - \dfrac{b^2 + cx}{a} = 0.$ 　　　**21.** $\dfrac{2x}{x - 2} = 3 - \dfrac{x - 3}{x + 4}.$

22. $\dfrac{1}{x - 1} - \dfrac{2}{3x - 2} = \dfrac{1}{3x + 1}.$

23. $\dfrac{2}{x - 1} - \dfrac{3}{x + 2} = \dfrac{4}{7(x - 3)} - \dfrac{11}{7x + 28}.$

24. $\dfrac{a}{a - x} + \dfrac{b}{b + x} = \dfrac{a - b}{a - b - x}.$

25. $\dfrac{a + b}{x - a - b} + \dfrac{a - b}{x - a + b} + \dfrac{2a}{2a - x} = 0.$

26. $\dfrac{x}{ab} + \dfrac{x}{bc} + \dfrac{x}{ca} - 1 = abc - x(a + b + c).$

27. $1 = \dfrac{a}{b}\left(1 - \dfrac{a}{x}\right) + \dfrac{b}{a}\left(1 - \dfrac{b}{x}\right).$ 　　**28.** $\dfrac{x - 1}{x + a - b} = \dfrac{1 - x}{x - a + b} + 2.$

29. $\dfrac{a + b}{c^2}x + c - \dfrac{b - c}{a - b}x - \dfrac{a - d}{c} = \dfrac{a + c}{a - b}x - \dfrac{b - d}{c}.$

30. $[(a^2 - b^2)x - 1]^2 + (2abx - 1)^2 = [(a^2 + b^2)x + 1]^2.$

31. $\dfrac{a(x - a)}{b + c} + \dfrac{b(x - b)}{c + a} + \dfrac{c(x - c)}{a + b} = x.$

32. $\dfrac{b - c}{x - a} + \dfrac{d - a}{x - b} + \dfrac{a - d}{x - c} + \dfrac{c - b}{x - d} = 0.$

33. $a + \dfrac{1}{x} = b, \quad a + \dfrac{1}{a + \dfrac{1}{x}} = b, \quad a + \dfrac{1}{a + \dfrac{1}{a + \dfrac{1}{x}}} = b \quad$ usw.

34. Mit welchem Werte $u_0 = x$ hat man zu beginnen, damit sich aus

$$u_1 = 1 - \frac{1}{x}, \qquad u_2 = 1 - \frac{1}{u_1}, \qquad u_3 = 1 - \frac{1}{u_2} \qquad \text{usw.}$$

der Wert $u_4 = a$ ergibt?

35. Dasselbe für

$$u_1 = \frac{1}{1 - x}, \qquad u_2 = \frac{1}{1 - u_1}, \qquad u_3 = \frac{1}{1 - u_2} \qquad \text{usw.}$$

36. Dasselbe für

$$u_1 = \frac{x}{1 - x}, \qquad u_2 = \frac{u_1}{1 - u_1}, \qquad u_3 = \frac{u_2}{1 - u_2} \qquad \text{usw.}$$

37. Dasselbe für

$$u_1 = \frac{x - 1}{x + 1}, \qquad u_2 = \frac{u_1 - 1}{u_1 + 1}, \qquad u_3 = \frac{u_2 - 1}{u_2 + 1} \qquad \text{usw.}$$

38. $\sqrt{600 + x} = 20 + \sqrt{x}.$ **39.** $x + \sqrt{x^2 - 24} = 12.$

40. $\sqrt{x + 20} + \sqrt{x + 4} = 8.$ **41.** $\sqrt{4x - 55} - \sqrt{x - 4} = \sqrt{x - 19}.$

42. $\sqrt{x + 10} + \sqrt{x + 1} = \sqrt{x + 21} + \sqrt{x - 6}.$

43. $\sqrt{x + 20} - \sqrt{x + 4} + \sqrt{x - 1} - \sqrt{x + 11} = 0.$

44. $\dfrac{b^2 - a b x}{b + \sqrt{a x}} = 1 - b\sqrt{a x}.$

45. $2x - \sqrt{4x^2 - 17{,}75} + \sqrt{4x^2 - 324} = \dfrac{1}{2}.$

46. $\dfrac{1}{a} - \dfrac{1}{x} - \sqrt{\dfrac{1}{a^2} - \dfrac{1}{x}}\sqrt{\dfrac{4}{a^2} - \dfrac{7}{x^2}} = 0.$

47. $(a + b - x)(a + x - c)(x + b - c) = 0.$

48. $(x - a - b)^3 = 0.$

49. $(a x - b)(b x - c)(c x - a) = 0.$

50. $x(a x - a^2)(b x - b^2)(c x - c^2) = 0.$

51. $3x^2 + 12x - 63 = 0.$

52. $5x^2 - 10x - 40 = 0.$

53. $2x^2 - 16x + 30 = 0.$

Gruppe I. *Anwendungen von linearen Gleichungen mit einer Unbekannten*

1. Welche Zahl muss man zum Zähler des Bruches $a:b$ addieren und vom Nenner subtrahieren, damit der neue Bruch 1 wird? Zahlenbeispiele.

2. Die Division der natürlichen Zahl a durch die natürliche Zahl b gibt den ganzzahligen Quotienten q und den Rest r. Der Unterschied von a und b beträgt u. a und b sind durch q, r, u auszudrücken. Welcher Bedingung müssen q, r, u genügen, damit $r < b$ ist? Insbesondere für $q = 7$, $r = 30$, $u = 240$ und $q = 4$, $r = 60$, $u = 495$.

3. a, b, c sind positive Zahlen. Welche Zahl x ist zu Zähler und Nenner des Bruches $a:b$ zu addieren, damit der neue Bruch gleich c wird? Unter welchen Bedingungen ist x positiv? Zahlenbeispiele.

4. Eine natürliche Zahl gibt, durch 5, 7, 12 geteilt, den Rest 3 bzw. 5 bzw. 9. Die Summe der Quotienten, ohne Berücksichtigung der Reste, ist 12. Zahl?

5. Addiert man zu jeder der vier Zahlen a, b, c, d eine geeignete Zahl x, so bilden die vier neuen Zahlen eine Proportion. x? Insbesondere $a = 1$, $b = 3$, $c = 7$, $d = 12$. Wann ist x positiv? Wann gibt es keine Lösung?

6. Zu zwei Zahlen a und b eine dritte Zahl zu bestimmen, so dass der Unterschied zwischen der ersten und dritten sich zum Unterschied zwischen der dritten und zweiten verhält wie die erste zur zweiten.

7. In ein Dreieck mit der Grundlinie a und der zugehörigen Höhe h ist ein Quadrat einzubeschreiben. Zwei Quadratecken liegen auf der (unter Umständen zu verlängernden) Grundlinie, jede der übrigen Ecken auf je einer anderen Seite. Quadratseite?

8. Ein Trapez mit den parallelen Seiten a, c $(a > c)$ und der Höhe h wird durch Verlängern der beiden Schenkel zu einem Dreieck ergänzt. Höhe dieses ganzen Dreiecks? Höhe des angesetzten Dreiecks? Wann ist die Höhe des angesetzten Dreiecks grösser als die Trapezhöhe?

9. Einem Dreieck mit der Grundlinie a und der zugehörigen Höhe h ist ein Rechteck mit den Seiten x, y einzubeschreiben. Eine Seite der Länge x liegt auf a. 1) $x + y = s$ gegeben. 2) $x - y = d$ gegeben. 3) $y:x = m:n$ gegeben.

10. Ende Dezember ist in Zürich die Nacht rund 7 Stunden länger als der Tag. Wieviel Stunden zählt der Tag?

11. Zwei Kapitalien, das eine zu $a\%$, das andere zu $b\%$ angelegt, geben denselben Jahreszins. Wie gross sind die Kapitalien, wenn deren Unterschied u beträgt? In welchem Verhältnis stehen sie?

12. Ein Unternehmer hat in seinem Betrieb E Fr. Eigenkapital und K Fr. fremdes Kapital zu $p\%$. Das Unternehmen bringt $q\%$ Gewinn. Wie hoch verzinst sich das Eigenkapital? Zahlenbeispiel.

13. Beim Verkaufspreis a Fr. beträgt der Gewinn $p\%$. Wieviel Prozent beträgt der Gewinn beim Verkaufspreis b Fr.? $a =$ Fr. 80.-, $b =$ Fr. 100.-, $p = 10$.

14. Drei verschiedene Sorten einer Ware werden gemischt, nämlich m_1 kg der ersten mit m_2 kg der zweiten und m_3 kg der dritten Sorte. Der Preis für 1 kg der ersten Sorte beträgt p_1 Fr., für 1 kg der zweiten Sorte p_2 Fr., für 1 kg der dritten Sorte p_3 Fr. Preis p von 1 kg der Mischung? Sind von den sieben Grössen m_1, m_2, m_3, p_1, p_2, p_3, p sechs gegeben, so lässt sich die siebente berechnen. Berechne p_1 aus den übrigen Grössen, ebenso m_1.

15. Aus einer Schmelze von Altmetall, die $p = 50\%$ Kupfer und $(100 - p)\%$ Zink enthält, soll durch Zusatz von Kupfer eine Messingsorte mit 62% Kupfer und 38% Zink hergestellt werden. Welche Mengen Altmetall und Kupfer sind für $G = 100$ kg Messing nötig?

16. Aus zwei Altmessingsorten, von denen die eine $p = 30\%$ Kupfer und $(100 - p)\%$ Zink, die andere $q = 80\%$ Kupfer und $(100 - q)\%$ Zink enthält, soll eine Messingsorte mit $r = 62\%$ Kupfer und $(100 - r)\%$ Zink hergestellt werden. Wieviel Prozent der ersten und der zweiten Sorte enthält die gewünschte Legierung?

17. Aus einer Altmetallschmelze mit 80% Eisen und 20% Chrom soll durch Zusatz von rostfreiem Messerstahl, der 86% Eisen und 14% Chrom enthält, und durch Zusatz von Nickel die Legierung Spiegelmetall mit 74% Eisen, 18% Chrom und 8% Nickel hergestellt werden. Welche Mengen braucht man zu 300 kg Spiegelmetall?

18. Wie schwer muss ein Brett aus Tannenholz sein, wenn es, ganz unter Wasser getaucht, eine Tragkraft (Last in der Luft) von $T = 50$ kg haben soll? Spezifisches Gewicht $s = 0,7$ kg/dm³.

19. Wieviel leere, wasserdichte Fässer vom Inhalt V und Gewicht G sind imstande, eine versunkene Last vom Gewicht Q und spezifischen Gewicht s zu heben? $s_1 =$ spezifisches Gewicht des Meerwassers.

Insbesondere $Q = 60$ t, $V = 3,00$ m^3, $s = 7,6$ kg/dm^3, $G = 220$ kg, $s_1 = 1,025$ t/m^3.

20. Jemand wiegt 75 kg. Welches Gewicht muss ein Korkgürtel haben, wenn der 5 kg wiegende Kopf ausser Wasser ist und der Kork gerade tragen soll? Spezifisches Gewicht des Körpers etwa 1,02 kg/dm^3, des Korkes 0,22 kg/dm^3.

21. Auf der einen Seite eines im Gleichgewicht befindlichen Hebels ist im Abstand a vom Stützpunkt die Last A angebracht. Auf der andern Seite im Abstand b vom Stützpunkt die Last B und im Abstand c die Last C. Das Gewicht des Hebels pro Längeneinheit beträgt p. Berechne aus p, a, A, b, B, c die Last C. Unterscheide die Fälle $c < b$, $c > b$. Zahlenbeispiel?

22. An einem Hebel halten sich zwei Gewichte A, B das Gleichgewicht. Wieviel hat man nach Vertauschung der Gewichte zu A hinzuzufügen, um das Gleichgewicht wieder herzustellen? $A = 20$ kg, $B = 30$ kg.

23. $P = 4$ kg Eis von 0°C werden mit $Q = 12$ kg Wasser von $t = 50$°C gemischt. 1 kg Eis von 0°C braucht zum Schmelzen $r = 80$ kcal. Wie gross ist die Temperatur der Mischung?

24. $P = 100$ g Wasserdampf von 100°C werden in $Q = 5$ kg Wasser von $t = 15$°C geleitet. 1 kg Wasser von 100°C braucht zur Verdampfung $r = 540$ kcal. Welche Temperatur erhält das Wasser?

25. Ein Wasserbehälter kann durch drei Röhren gefüllt werden, durch die erste allein in a Stunden, durch die zweite allein in b Stunden, durch die dritte allein in c Stunden. Welche Zeit beansprucht die Füllung, wenn alle drei Röhren gleichzeitig geöffnet werden? Zahlenbeispiel?

26. Drei Ursachen bringen einzeln in den Zeiten u, v, w die Wirkungen a, b, c hervor. In welcher Zeit bringen die Ursachen, gleichzeitig wirkend, die Wirkung z hervor, insofern die Ursachen sich gegenseitig nicht stören und die Wirkung proportional der Zeit ist?

27. A und B sind zwei Orte mit der Entfernung a. g ist die durch A, B bestimmte Gerade. Von A aus bewegt sich der Punkt P auf g mit der Geschwindigkeit v, von B aus der Punkt Q mit der Geschwindigkeit $n\,v$.

1. Wann und wo treffen sich P, Q, wenn beide gleichzeitig in derselben Richtung AB abgehen? $a = 10$ km, $v = 100$ m/min, $n = 2:3$.

2. Wie 1., aber P geht um die Zeit t später ab als Q. $t = 20$ min.

3. Wann und wo treffen sich P, Q, wenn beide gleichzeitig gegeneinander abgehen? Allgemein und mit den Daten von 1.

4. Wie 3., aber P geht um die Zeit t später ab als Q. $t = 10$ min.

5. P braucht zum Durchlaufen der Strecke $AB = a$ die Zeit T_1, Q hingegen die Zeit T_2. Sie gehen gleichzeitig gegeneinander ab. Wann und wo treffen sie sich? Allgemein und für $T_1 = 3$ h, $T_2 = 2$ h.

6. Wie 5., aber P geht um die Zeit t später ab als Q. $t = 15$ min.

7. Wie 6. Wann beträgt die Entfernung a/m? Zum Beispiel $m = 10$.

28. Zwei Fussgänger gehen vom gleichen Orte aus denselben Weg. Ihre Schritte verhalten sich in Hinsicht ihrer Grösse wie $a:b = m$, in Hinsicht ihrer Anzahl während derselben Zeit wie $c:d = n$. Der zweite geht t min später ab. Wann holt er den ersten ein? Bedingung? Allgemein und für $m = 5:4$, $n = 4:7$, $t = 10$.

29. Ein Zug fährt am Orte A in östlicher Richtung mit der Geschwindigkeit $u = 40$ km/h vorbei, nach $t = 10$ min ein zweiter Zug in westlicher Richtung mit der Geschwindigkeit $v = 60$ km/h. Wann und wo haben sich die Züge gekreuzt?

30. Drei in einer Geraden liegende Punkte A, B, C haben in der genannten Reihenfolge anfänglich die Entfernung $AB = a$, $BC = b$. Sie beginnen sich gleichzeitig mit den Geschwindigkeiten u bzw. v, w in derselben Richtung ABC zu bewegen. Nach welcher Zeit haben sie die Reihenfolge BCA mit $BC = CA$? Bedingung? Zahlenbeispiel?

31. Zwei Punkte P, Q bewegen sich gleichförmig auf einem Kreise. Die Geschwindigkeit von P beträgt v Umläufe pro Zeiteinheit, die Geschwindigkeit von Q ist n-mal grösser. T_1, T_2 seien die Umlaufszeiten von P, Q.

1. Zu Beginn der Zeitzählung ist der Punkt Q, im Gegenuhrzeigersinne gemessen, um $1/m = 1/5$ vom Kreisumfang von P entfernt. Beide bewegen sich im Gegenuhrzeigersinne. Wann treffen sie sich zum ersten, zweiten und p-ten Male, wenn $v = 1/3$ Umläufe pro Stunde und $n = 3/4$?

2. Wie 1., wenn $T_1 = 18$ h und $T_2 = 24$ h bekannt.

3. Wie 1., aber P bewegt sich im Uhrzeigersinne, Q entgegengesetzt.

4. Wie 2., aber P bewegt sich im Uhrzeigersinne, Q entgegengesetzt.

5. P, Q bewegen sich gleichsinnig und begegnen einander in Zeitabständen von $h = 7$ Tagen, $T_1 = 30$ Tage. $T_2 = ?$

6. Wie 5., aber Bewegung ungleichsinnig.

Gruppe K. *Systeme von linearen Gleichungen*

1. $\begin{cases} x + y = a, \\ x - y = b, \end{cases}$ $\begin{cases} 2x - 3y = a, \\ 5x - 7y = b, \end{cases}$ $\begin{cases} ax + y = ab, \\ x + by = b, \end{cases}$ $\begin{cases} ax + by = a, \\ bx + ay = b. \end{cases}$

2. $(a + b)x + (a - b)y = 2(a^2 + b^2),$
   $(a - b)x + (a + b)y = 2(a^2 - b^2).$

3. $(a + b)x + (a - b)y = 2ab,$
   $(a + c)x + (a - c)y = 2ac.$

4. $(a + c)x - by = bc,$
   $x + y = a + b.$

5. $a(x + y) + b(x - y) = 1,$
   $a(x - y) + b(x + y) = 1.$

6. $\dfrac{x - a}{b} + \dfrac{y - b}{a} = 0,$

   $\dfrac{x + y - b}{a} + \dfrac{x - y - a}{b} = 0.$

7. $\dfrac{1}{x - y} + \dfrac{1}{x + y} = a,$

   $\dfrac{1}{x - y} - \dfrac{1}{x + y} = b.$

8. $ax = by + 0,5(a^2 + b^2),$
   $(a - b)x = (b + a)y.$

9. $\dfrac{x + b}{y + a} = \dfrac{a^2}{b^2}$ und $\dfrac{x - a^2}{y - b^2} = \dfrac{b}{a}.$

10. $x + y = a,$
    $x : y = (a + b) : (a - b).$

11. $(x - a) : y = p : q,$
    $(a - x) : y = q : p.$

12. $(ax) : (by) : (cx + d) = p : q : r.$

13. $2x + 3y + 4z = 61,$
    $3x + 2y + z = 54,$
    $5x - 2y + 3z = 58.$

14. $2x - 3y - z = 1,$
    $3x - 1,5y - 2z = 2,$
    $4x - 3z = 3.$

15. $2,35x - 1,98y + 3,13z = 6,77,$
    $-3,21x + 2,93y - 6,27z = 2,38,$
    $4,95x + 3,26y - 7,34z = 4,56.$

16. $x + 2y - z = 0,$
    $2x - y + z = 0,$
    $-x + y - 2z = 0.$

17. $ax + by - cz = 2ab,$
    $by + cz - ax = 2bc,$
    $cz + ax - by = 2ca.$

18. $-ax + by + cz = b^2,$
    $bx - cy + az = a^2,$
    $cx + ay - bz = c^2.$

19. $x + ay + a^2z = 0,$
    $x + by + baz = 0,$
    $x + cy + caz = 0.$

20. $a^3x + a^2y + az = 1,$
    $b^3x + b^2y + bz = 1,$
    $c^3x + c^2y + cz = 1.$

21. $x + y + z = 3a + 2b + c,$
    $bx - ay + az = a(b + c),$
    $5x - 2y + 2z = 5a + 2c.$

22. $x + a\,y + (a+1)\,z = 3,$
$$\frac{x}{a+1} - z = 0,$$
$$a\,(a+1)\,y - 2\,a\,z = \frac{a^2+1}{a+1}.$$

23. $(\,4 - x)\,(244 - y) = z,$
$(\,7 - x)\,(124 - y) = z,$
$(13 - x)\,(\,64 - y) = z.$

24. $x + y + z = 0,$
$c^2\,x + a^2\,y + b^2\,z = 0,$
$$\frac{x}{a-b} + \frac{y}{b-c} + \frac{z}{c-a} = 2\,(a+b+c).$$

25. $x + y + z = 1,$
$a\,x + b\,y + c\,z = d,$
$a^2\,x + b^2\,y + c^2\,z = d^2.$

26. $u + 2\,v - 3\,w + 4\,x = 0,$
$2\,u - 3\,v + 4\,w + x = -10,$
$-3\,u + 4\,v + w + 2\,x = 0,$
$4\,u + v + 2\,w - 3\,x = 10.$

27.
$$u + v + x + y + z = 32,$$
$$12\,u - 9\,v + 7\,x - 3\,y + z = 19,$$
$$9\,u + 7\,v - 3\,x + y - 12\,z = -126,$$
$$-7\,u + 3\,v + x - 12\,y + 9\,z = 9,$$
$$3\,u - v - 12\,x + 9\,y - 7\,z = -87.$$

28. $u + v = a, \quad v + w = b,$
$w + x = c, \quad x + y = d,$
$y + z = e, \quad z \mp u = f.$
$(a, b, c, d, e, f$ bekannt$).$

Gruppe L. *Rechnen mit Quadratwurzeln*

1. Durch $\sqrt{2} = a$ auszudrücken:

$$\sqrt{8}, \ \sqrt{18}, \ \sqrt{32}, \ \sqrt{50}, \ \sqrt{\tfrac{1}{2}}, \ \sqrt{\tfrac{1}{8}}, \ \sqrt{4,5}.$$

Durch $\sqrt{6} = b$ auszudrücken:

$$\sqrt{24}, \ \sqrt{54}, \ \sqrt{96}, \ \sqrt{\tfrac{2}{3}}, \ \sqrt{\tfrac{3}{8}}, \ \sqrt{\tfrac{8}{3}}.$$

2. $3\sqrt{18} + \sqrt{50} - 2\sqrt{72} + 5\sqrt{98} = ?$ $\qquad \sqrt{12} - \sqrt{27} + \sqrt{48} - \sqrt{75} = ?$

$$\sqrt{3\,a^2\,c + 6\,a\,b\,c + 3\,b^2\,c} = ? \qquad \sqrt{\frac{a^2\,x - 2\,a\,x^2 + x^3}{a^2 + 2\,a\,x + x^2}} = ?$$

3. $\left(\sqrt{6} + \sqrt{10} - \sqrt{15}\right)^2 = ?$ $\left(\sqrt{42} + \sqrt{30} - \sqrt{14}\right)\left(\sqrt{21} - \sqrt{5} + \sqrt{7}\right) = ?$

$$\left(-5 - \sqrt{\frac{3}{4}}\right)\left(-5 + \sqrt{\frac{3}{4}}\right) = ?$$

$$\left(a\sqrt{\frac{b}{a}} + b\sqrt{\frac{a}{b}}\right)\left(a\sqrt{\frac{b}{a}} - b\sqrt{\frac{a}{b}}\right) = ?$$

4. $\sqrt{a\,x - a} \cdot \sqrt{a\,x^2 - a} = ?$ $\sqrt{a\,x + x} \cdot \sqrt{a^2\,x + a\,x} = ?$

$$\sqrt{\sqrt{a + x} + \sqrt{a - x}} \cdot \sqrt{\sqrt{a + x} - \sqrt{a - x}} = ?$$

5. $\left(\sqrt{1,2} - \sqrt{24} + \sqrt{30}\right) : \sqrt{4,8} = ?$

$\left(\sqrt{40} - \sqrt{20} + \sqrt{10} - \sqrt{5}\right) : \sqrt{1,25} = ?$

6. $(a - b) : \left(\sqrt{a} + \sqrt{b}\right) = ?$ $(a^2 + a + 1) : \left(a - \sqrt{a} + 1\right) = ?$

$(a^2 + a\,b + b^2) : \left(a + \sqrt{a\,b} + b\right) = ?$

7. Zu vereinfachen:

$$\sqrt{7^5}, \quad \sqrt{7^7}, \quad \sqrt{7^{10}}, \quad \sqrt{(a^2 - 2\,a\,b + b^2)^3}, \quad \left(\frac{\sqrt{x^3}}{x}\right)^3,$$

$$\sqrt{x\,y\left(\sqrt{\frac{x}{y}} + \sqrt{\frac{y}{x}}\right)^2}, \quad \left(y\sqrt{\frac{x}{y}} - x\sqrt{\frac{y}{x}}\right)^2 : \left(\sqrt{2\,x\,y}\right)^2,$$

$$\left(\sqrt{a + b} + \sqrt{a} - \sqrt{b}\right)\left(\sqrt{a + b} - \sqrt{a} + \sqrt{b}\right),$$

$$\left\{\sqrt{\frac{1}{2}\left(3\,a + \sqrt{9\,a^2 - 4\,b^2}\right)} - \sqrt{\frac{1}{2}\left(3\,a - \sqrt{9\,a^2 - 4\,b^2}\right)}\right\}^2.$$

8. Auf denselben wurzelfreien Nenner zu bringen:

$$\frac{a + b}{a - b}\sqrt{\frac{a - b}{a + b}} - \frac{a - b}{a + b}\sqrt{\frac{a + b}{a - b}},$$

$$\left(\frac{x - 1}{x + 1}\right)^2\sqrt{\frac{x + 1}{x - 1}} + \left(\frac{x + 1}{x - 1}\right)^2\sqrt{\frac{x - 1}{x + 1}},$$

$$\frac{1}{8}\sqrt{2}\left\{\frac{2\,x + \sqrt{2}}{x^2 + x\sqrt{2} + 1} - \frac{2\,x - \sqrt{2}}{x^2 - x\sqrt{2} + 1}\right\}$$

$$+ \frac{1}{4}\left\{\frac{1}{x^2 + x\sqrt{2} + 1} + \frac{1}{x^2 - x\sqrt{2} + 1}\right\}.$$

9. Den Faktor vor der Hauptwurzel unter die Hauptwurzel zu nehmen:

$$(3 - \sqrt{5}) \sqrt{14 + 6\sqrt{5}}, \quad (\sqrt{5} - 2) \sqrt{9 + 4\sqrt{5}}, \quad (2 - x) \sqrt{\frac{1}{x^2 - 4}},$$

$$(u - v) \sqrt{1 + \frac{2uv}{(u-v)^2}}, \quad (5 + \sqrt{17}) \sqrt{42 - 10\sqrt{17}}.$$

10. $\left(1 - \dfrac{1}{1 - 2\sqrt{2}}\right) : \left(\sqrt{2} - \dfrac{2}{2 + 3\sqrt{2}}\right) = ?$

$\left(\dfrac{1}{\sqrt{a} - \sqrt{b}} - \dfrac{1}{\sqrt{a} + \sqrt{b}}\right) : \left(\dfrac{1}{\sqrt{b}} - \dfrac{1}{\sqrt{a}}\right) = ?$

11. Man berechne

$$\frac{(1 + \sqrt{5})^n - (1 - \sqrt{5})^n}{2^n \sqrt{5}} \quad \text{für} \quad n = 0, 1, 2, \ldots, 7.$$

Gesetz?

12. Man berechne für $n = 1, 2, 3, 4$:

$$x = \frac{1}{4} \left[(\sqrt{2} + 1)^{2n-1} - (\sqrt{2} - 1)^{2n-1} - 2 \right],$$

$$y = \frac{1}{2\sqrt{2}} \left[(\sqrt{2} + 1)^{2n-1} + (\sqrt{2} - 1)^{2n-1} \right].$$

Stets gilt $x^2 + (x + 1)^2 = y^2$.

13. Den Nenner wurzelfrei zu machen:

$$\frac{1 + \sqrt{2}}{1 - \sqrt{2}}, \quad \frac{6}{4 - 3\sqrt{2}}, \quad \frac{20}{3\sqrt{5} + 5}, \quad \frac{3 + \sqrt{3}}{4 + 2\sqrt{3}}, \quad \frac{1}{\sqrt{5} + \sqrt{2} - \sqrt{7}},$$

$$\frac{\sqrt{6} + \sqrt{2} - \sqrt{3}}{\sqrt{2} + \sqrt{3} - \sqrt{6}}.$$

14. Dasselbe wie 13:

$$\frac{1}{2 + \sqrt{2} + \sqrt{3} + \sqrt{6}}, \quad \frac{2 + 6\sqrt{2} - 2\sqrt{10}}{\sqrt{6} - \sqrt{5} + \sqrt{3} - \sqrt{2}}, \quad \frac{2\sqrt{ab}}{\sqrt{a} + \sqrt{b} + \sqrt{a + b}},$$

$$\frac{\sqrt{c} \left(\sqrt{b + \sqrt{ac}} - \sqrt{b - \sqrt{ac}} \right)}{\sqrt{a} \left(\sqrt{b + \sqrt{ac}} + \sqrt{b - \sqrt{ac}} \right)}.$$

15. Im Ergebnis soll nur *eine* Wurzel im *Zähler* stehen:

$$\left(\frac{2}{3-\sqrt{3}} - \frac{1}{2+\sqrt{3}}\right) : \left(\frac{3}{2-\sqrt{3}} - \frac{2}{1+\sqrt{3}}\right),$$

$$\left(\frac{1}{1-\sqrt{5}} - \frac{2}{2-\sqrt{5}}\right) : \frac{3}{3-\sqrt{5}},$$

$$\left(\frac{1}{2-\sqrt{5}} - \frac{2}{1+\sqrt{5}}\right) : \left(\frac{1}{1-\sqrt{5}} - \frac{3}{2+\sqrt{5}}\right),$$

$$1 - \cfrac{\sqrt{a}}{a - \cfrac{1}{\sqrt{a} + \cfrac{1}{\sqrt{a}-1}}}.$$

16. In *eine* Wurzel zu verwandeln:

$$\sqrt{11+\sqrt{21}} - \sqrt{11-\sqrt{21}}, \quad \sqrt{3+\sqrt{6}} \pm \sqrt{3-\sqrt{6}},$$

$$\sqrt{13+4\sqrt{10}} \pm \sqrt{13-4\sqrt{10}},$$

$$\sqrt{x^2+1+\sqrt{2x^2+1}} - \sqrt{x^2+1-\sqrt{2x^2+1}},$$

$$\sqrt{5} \pm 1, \quad \sqrt{10} \pm \sqrt{8}.$$

17. In eine Summe oder Differenz umzuformen:

$$\sqrt{5-\sqrt{24}}, \quad \sqrt{3-2\sqrt{2}}, \quad \sqrt{a^2+b+2a\sqrt{b}},$$

$$\sqrt{ab\left(a+b+2\sqrt{ab}\right)},$$

$$\sqrt{x+2\sqrt{x-1}}, \quad \sqrt{x+xy-2x\sqrt{y}}, \quad \sqrt{\sqrt{12} \pm 2}.$$

Gruppe M. *Quadratische Gleichungen mit einer Unbekannten*

1. $4x^2 - 12x + 5 = 0$, $\quad 84x^2 - 149x + 66 = 0$,
$6x^2 - 5x - 6 = 0$, $\quad 35x^2 + 12x + 1 = 0$.

Durch Verwandlung in ein Produkt und mit Formel zu lösen.

2. $abx^2 - (a^2 + b^2)x + ab = 0$, $\quad c^2x^2 + (ac - bc)x - ab = 0$.

3. $abcx^2 - (a^2b^2 + c^2)x + abc = 0$.

4. $(a^2 - b^2)x^2 - 2(a^2 + b^2)x + a^2 = b^2$.

5. $\dfrac{a-x}{a} = -\dfrac{2a}{x-a}.$

6. $\dfrac{(a-x)^2 - (x-b)^2}{(a-x)(x-b)} = \dfrac{4ab}{a^2-b^2}.$

7. $(a+b)x^2 + bx = a.$

8. $(x+a)^2 - b(x+a-c) = bc.$

9. $\dfrac{x}{x-m} + \dfrac{x-m}{x} = \dfrac{5}{2}.$

10. $x = \dfrac{1}{ax(a+1)} - \dfrac{1}{a(a+1)}.$

11. $x + \dfrac{1}{x} = \left(\dfrac{1}{a} + \dfrac{1}{b}\right)\sqrt{ab}.$

12. $x(x-4mn) = (m^2-n^2)^2.$

13. $ax = x + \sqrt{x}.$

14. $\dfrac{x}{x+2} + \dfrac{x}{x-2} = \dfrac{8}{3}.$

15. $\dfrac{(a-x)(x-b)}{(a-x)-(x-b)} = x.$

16. $\dfrac{2a^2}{x+\sqrt{4a^2-x^2}} + \dfrac{2a^2}{x-\sqrt{4a^2-x^2}} = x.$

17. $\dfrac{x}{a} + \dfrac{a}{x} = \dfrac{b}{x} - \dfrac{x}{b}.$

18. $\dfrac{\sqrt{1+x^2}+\sqrt{1-x^2}}{\sqrt{1+x^2}-\sqrt{1-x^2}} = \dfrac{a}{b}.$

19. $\sqrt{\dfrac{360}{x^2-13} + 19} = 4 + \sqrt{\dfrac{360}{x^2-13} - 21}.$

20. Welche quadratische Gleichung hat die Lösungen 3 und 4 bzw. -3 und 4 bzw. -3 und -4 bzw. 3 und -4?

21. Welche quadratische Gleichung hat die Lösungen a und b bzw. $a+b$ und $a-b$ bzw. $3+\sqrt{5}$ und $3-\sqrt{5}$?

22. $x^2 - qx + p = 0, \quad x^2 + qx + p = 0,$
$x^2 + qx - p = 0, \quad x^2 - qx - p = 0.$

Es ist bekannt, dass die Lösungen ganzzahlig sind und dass p eine Primzahl ist. Wie gross ist in jedem Falle q? Beispiele.

23. Ist die Diskriminante D des Ausdruckes $y = ax^2 + bx + c$ gleich Null, so ist y das Quadrat eines linearen Ausdruckes. Beweis und zwei Beispiele.

24. $x - a = \sqrt{a-x}.$

25. $a + \sqrt{x} = (a^2-x)\left(a-\sqrt{x}\right).$

26. $\sqrt[3]{a-x} + \sqrt[3]{x-b} = \sqrt[3]{a-b}.$

27. $\sqrt[3]{a+x} + \sqrt[3]{a-x} = \sqrt[3]{b}.$

28. $x^3 + 3x^2 - (x+3)(5x-6) = 0 \quad (x+3 \text{ ausklammern}).$

29. $ax^3 + bx^2 + bx + a = 0 \quad (x+1 \text{ ausklammern}),$
zum Beispiel $5x^3 - 21x^2 - 21x + 5 = 0.$

30. $a\,x^3 + b\,x^2 - b\,x - a = 0$ ($x - 1$ ausklammern),
zum Beispiel $x^3 - 5\,x^2 + 5\,x - 1 = 0$.

31. $a\,x^4 + b\,x^3 + c\,x^2 + b\,x + a = 0$.
($a \neq 0$. Durch x^2 dividieren und $x + 1/x = u$ setzen.)
Zum Beispiel $6\,x^4 - 35\,x^3 + 62\,x^2 - 35\,x + 6 = 0$.

32. $a\,x^5 + b\,x^4 + c\,x^3 + c\,x^2 + b\,x + a = 0$
($x + 1$ ausklammern, Nr. 31 beachten),
zum Beispiel $x^5 + 5\,x^4 - 6\,x^3 - 6\,x^2 + 5\,x + 1 = 0$.

33. $a\,x^5 + b\,x^4 + c\,x^3 - c\,x^2 - b\,x - a = 0$
($x - 1$ ausklammern, Nr. 31 beachten),
zum Beispiel $15\,x^5 + 13\,x^4 - 258\,x^3 + 258\,x^2 - 13\,x - 15 = 0$.

34. $(x + a)\,(x + 2\,a)\,(x + 3\,a)\,(x + 4\,a) + a^4 = 0$.
(Man setze $x + 2\,a = u$, dividiere durch u^2 und setze $u - a^2/u = v$.)

Gruppe N. *Anwendungen von quadratischen Gleichungen mit einer Unbekannten*[1])

1. Einen Kreisring mit dem inneren Radius r so zu bestimmen, dass die Ringfläche das geometrische Mittel zwischen den Flächen des äusseren und inneren Kreises ist. Ringbreite?

2. a, b ($a > b$) sind die parallelen Seiten eines Trapezes. Eine Parallele x zu a zu ziehen, welche die Trapezfläche im Verhältnis $m : n$ teilt. Insbesondere $m = n$. (Anleitung: Die Höhen der Teiltrapeze verhalten sich wie $a - x$ zu $x - b$.) Mit Hilfe des Ergebnisses löse man die Aufgabe: Das Trapez $a = 12$ cm, $b = 8$ cm, $h = 10$ cm durch Parallelen zu den Grundlinien in drei flächengleiche Trapeze zu zerlegen. Wie gross sind deren Höhen?

3. Wie 2., aber die Parallele x zerlege das Trapez in zwei ähnliche Trapeze.

4. Wie 2., aber die Parallele x zerlege das Trapez derart, dass der grössere Teil das geometrische Mittel zwischen dem kleineren Teil und dem ganzen Trapez ist. Insbesondere für $a = 10$ cm, $b = 4$ cm.

5. Ein Rechteck hat den Umfang $u = 60$ cm und den Inhalt $F = 100$ cm². Seiten?

---

[1]) In diese Gruppe wurden wegen des Zusammenhanges einige Beispiele aufgenommen, die auch ohne quadratische Gleichung zu lösen sind.

6. Ein Rhombus hat den Umfang $u = 60$ cm und den Inhalt $F = 100$ cm². Diagonalen?

7. Die Punkte C, D teilen die Strecke AB harmonisch (das heisst, C teilt AB innerlich im gleichen Verhältnis v wie D äusserlich). Mit AB als positiver Richtung sei $AB = s$, $CD = a$, $AC = x$, $BD = y$. Berechne x, y und das Teilverhältnis v aus a, s. Zum Beispiel $s = 8$ cm, $a = 6$ cm.

8. Wie 7. Berechne x, y, v aus s und $y : x = n$. Zum Beispiel $n = 1$ und $n = 2:3$.

9. Einem Quadrat mit der Seite a ist ein gleichschenkliges Dreieck mit dem Umfang u einzubeschreiben, so dass dessen Spitze in eine Quadratecke fällt. Höhe dieses gleichschenkligen Dreiecks? $a = 10$ cm, $u = 40$ cm.

10. Einem Kreisviertel vom Radius r 1) einen Kreis einzubeschreiben. 2) zwei gleich grosse, einander berührende Kreise einzubeschreiben, Radien?

11. An einen Kreis mit dem Radius r ist die Tangente t gezogen. Eine Seite eines Rechtecks vom Umfang u liegt in t, die dieser Seite nicht angehörenden Ecken liegen auf dem Kreise. Wie gross sind die auf t senkrechten Seiten des Rechteckes? Insbesondere für $u = 5r$. Grösstmögliches u?

12. Zwei parallele Sehnen eines Kreises haben die Länge $2a$ bzw. $2b$ und den Abstand c. Radius? $a = 20$ cm, $b = 10$ cm, $c = 6$ cm.

13. Einem Halbkreis vom Radius r ist ein gleichschenkliges Trapez mit der einen Grundlinie $2r$ einzubeschreiben. Das Trapez soll einen Inkreis besitzen. Seiten?

14. Im Innern eines Kreises vom Radius r liegt der Punkt P im Abstand $a = 0.5\,r$ vom Mittelpunkt M. In welchem Abstand von M hat man die Sehne durch P zu legen, damit diese durch P golden geteilt wird?

15. Zwei Seiten eines Dreiecks haben die Längen a, b, der Inhalt ist F. Wie gross ist die dritte Seite? Minimum für F? (Mit Hilfe der Heronschen Formel.) Zum Beispiel $a = 10$ cm, $b = 25$ cm, $F = 100$ cm².

16. Bei einer Waage sind die Hebelarme nicht genau gleich lang. Legt man einen Körper in die eine Schale, so erhält man das Gewicht P, legt man ihn in die andere Schale, erhält man Q. Wahres Gewicht? Vergleich mit dem arithmetischen Mittel?

17. Ein Hebel ist an den Enden mit den Gewichten P und Q belastet, p ist das Gewicht pro Längeneinheit des Hebels. Der Arm von P ist gleich a. Wie lang ist der Arm von Q, wenn Gleichgewicht herrschen soll? $a = 40$ cm, $P = 20$ kg, $Q = 10$ kg, $p = 3$ kg/m.

18. Zwei Punkte befinden sich auf den Schenkeln eines rechten Winkels in der Entfernung a bzw. b vom Scheitel und beginnen sich mit der Geschwindigkeit u bzw. v gegen den Scheitel hin zu bewegen. Nach welcher Zeit t haben sie die kürzeste Entfernung voneinander? Wie gross ist diese? Insbesondere $a = 100$ m, $b = 80$ m, $u = 2$ m/s, $v = 1$ m/s. Berechne dazu die Zeit t aus den gegeben gedachten Grössen a, b, u, v und der Entfernung l und prüfe, wie gross l mindestens sein muss.

19. a, b, c sind die Seiten eines Dreiecks, h die zu a gehörende Höhe. Man löse folgende merkwürdige Aufgabe: Das Dreieck so zu bestimmen, dass die Längen a, b, c, h in dieser Reihenfolge eine geometrische Reihe bilden. (Anleitung: Für die Längenmasszahl von a wähle man 1; $a = 1$, $b = q$, $c = q^2$, $h = q^3$ Längeneinheiten. Nun stelle man $a = 1$ als Summe der von der Höhe h gebildeten Abschnitte dar. In der für q resultierenden Gleichung führe man die neue Unbekannte $x = q^2$ ein. Die Gleichung für x dividiere man durch x^2 und setze

$$x - \frac{1}{x} = t, \quad \text{also} \quad x^2 + \frac{1}{x^2} = t^2 + 2.$$

Jetzt t ausrechnen usw. Merkwürdig ist das Auftreten des Verhältnisses vom Goldenen Schnitt.)

20. Das Gewicht einer Hohlkugel der Wandstärke w beträgt G. Spezifisches Gewicht des Materials ist s. Äusserer Durchmesser?

21. Mit welcher Zirkelöffnung hat man auf einer Kugel vom Radius R einen Kreis zu beschreiben, wenn dessen wahrer Radius den Wert r haben soll? Zum Beispiel $R = 1$ m, $r = 50$ cm.

22. Eine Kugelschicht mit gleichgrossen Grenzkreisen hat die Höhe h und das Volumen πa^3. Kugelradius? Zum Beispiel Volumen $= 1$ m^3 und $h = 1$ m.

23. Ein Kegelstumpf hat die Grundfläche G und die Deckfläche D. Wie gross ist der Schnitt in halber Höhe?

24. Eine Kugel vom Radius r um den Punkt M wird von einer Ebene geschnitten. N ist der Mittelpunkt des Schnittkreises. Verlängere

NM über M hinaus bis zum Schnittpunkt P mit der Kugel. Die kleinere Kugelhaube H genüge der Bedingung:

1. H ist gleich der Oberfläche der Kugel mit dem Durchmesser $MN = x$.
2. H ist gleich der Oberfläche der Kugel mit dem Durchmesser NP.
3. H verhält sich zur grösseren Haube wie diese zur ganzen Oberfläche. In jedem Falle ist der Abstand $MN = x$ zu berechnen.

25. Einer Kugel vom Radius r ist ein Drehkegel so einzubeschreiben, dass dessen Mantel gleich der Kugelhaube über dem Grundkreis ist. Höhe x des Kegels?

26. Höhe h und Radius r eines Drehkegels werden um dieselbe Grösse x verkleinert bzw. vergrössert, so dass das Volumen ungeändert bleibt. x? Zum Beispiel $r = 10$ cm, $h = 8$ cm und $r = 10$ cm, $h = 4$ cm.

27. Einer Halbkugel vom Radius r sind drei bzw. vier gleich grosse, einander berührende Kugeln einzubeschreiben. Radius?

28. Einer Halbkugel vom Radius r sind sechs gleich grosse, sich untereinander berührende Kugeln einzubeschreiben. Radius?

29. Einer Kugel vom Radius r sind sechs gleich grosse, sich untereinander berührende Kugeln einzubeschreiben. Als erste Lösung A bietet sich die folgende Möglichkeit: Der oberen Halbkugel H schreibt man nach Aufgabe 27 drei Kugeln ein und spiegelt die entstandene Figur an der Horizontalebene durch den Mittelpunkt der gegebenen Kugel. Man kann aber sechs grössere Kugeln einbeschreiben. Man denke sich nämlich zunächst die Lösung A. Die untere Halbkugel werde nun um die Vertikalachse der gegebenen Kugel um den Winkel 60° gedreht, während H fest bleiben soll. Die drei Kugeln in der unteren Halbkugel berühren nun die drei in H nicht mehr. Sie können also vergrössert werden. Radius? (Von oben betrachtet, erscheinen die Mittelpunkte als Ecken eines regelmässigen Sechseckes mit der Seite $2x : \sqrt{3}$.)

Gruppe O. *Die lineare und die quadratische Funktion im rechtwinkligen Koordinatensystem*

1. Man zeichne die Geraden mit den Gleichungen
   a) $y = mx + 3$ für $m = 0, \pm 1, \pm 2, \pm 3, \pm \frac{1}{2}, \pm \frac{1}{3}$;
   b) $y = 0{,}5\,x + b$ für $b = 0, \pm 1, \pm 2, \pm 3$.

2. Man zeichne die Geraden mit den Gleichungen $x - y - 3 = 0$, $x + y + 3 = 0$, $x - y + 3 = 0$, $x + y - 3 = 0$.

3. Man zeichne die Geraden mit den Gleichungen $x - 2y - 6 = 0$, $x + 2y + 6 = 0$, $x - 2y + 6 = 0$, $x + 2y - 6 = 0$.

4. Man bestimme die Achsenabschnitte a, b der Geraden mit den Gleichungen $3x - 2y + 4 = 0$, $5x + 8y - 40 = 0$, $4x - 7y + 28 = 0$ (Zeichnungen) und $Ax + By + C = 0$.

5. Man bestimme die Hauptform der Gleichung der Geraden, die durch zwei Punkte gegeben ist:
a) $(1, 1)$, $(10, 6)$; b) $(-2, 5)$, $(3, -5)$; c) $(-3, -3)$, $(5, 8)$.

6. Man bestimme die Achsenabschnitte a, b der Geraden, die durch zwei Punkte gegeben ist:
a) $(-8, 4)$, $(2, -6)$; b) $(-2, 30)$, $(2, -10)$; c) $(30, -36)$, $(40, -24)$.

7. Man behandle algebraisch und graphisch die Gleichungssysteme:

a) $\begin{cases} y = -\dfrac{1}{4}x - 9, \\ y = \dfrac{5}{3}x - \dfrac{50}{3}; \end{cases}$ b) $\begin{cases} y = -1{,}75x - 2{,}75, \\ y = -0{,}30x + 4{,}50; \end{cases}$ c) $\begin{cases} y = -0{,}30x + 4{,}50, \\ y = 6{,}00. \end{cases}$

8. Die Geraden g_1, g_2 sind durch je zwei Punkte gegeben. Man bestimme die Koordinaten des Schnittpunktes S.

a) $\begin{cases} g_1: (0, 8), (12, -2), \\ g_2: (0, -4), (12, 10); \end{cases}$ b) $\begin{cases} g_1: (8, -11), (-4, -8), \\ g_2: (7, -5), (13, 5); \end{cases}$

c) $\begin{cases} g_1: (-1, -1), (-3, -2{,}5), \\ g_2: (1; 4{,}2), (7; 12{,}4); \end{cases}$ d) $\begin{cases} g_1: (5, 3), (0; 4{,}5), \\ g_2: (-2, 6), (3, 6); \end{cases}$

e) $\begin{cases} g_1: (0, 0), (4, 2), \\ g_2: (6, -2), (6, 4); \end{cases}$ f) $\begin{cases} g_1: (-2, 2), (-2, 5), \\ g_2: (0, -3), (2, -3). \end{cases}$

9. Man bestimme die Koordinaten des Schnittpunktes der Geraden AB und CD.
a) $A(10, 55)$, $B(20, 60)$, $C(10, 145)$, $D(20, 140)$.

b) $A\begin{cases} x = 0{,}001, \\ y = -20; \end{cases}$ $B\begin{cases} x = 0{,}01, \\ y = 560; \end{cases}$ $C\begin{cases} x = 0{,}001, \\ y = 100; \end{cases}$ $D\begin{cases} x = 0{,}01, \\ y = 80. \end{cases}$

10. Gegeben sind die Punkte $A(1,1)$, $B(1, -1)$, $C(-1, -1)$, $D(-1, +1)$ $E(0, -1)$ und die Gerade g durch ihre Gleichung $y = mx$. F ist der Schnittpunkt der Geraden DE mit g, und G der Schnittpunkt von AE mit g. Man bestimme die Koordinaten des Schnittpunktes P der Geraden CF und BG.

11. Mit Hilfe geeignet gewählter Einheiten sind die folgenden Gleichungen in den verlangten Intervallen zu veranschaulichen:
    a) $y = 120\,x + 450$ für $x = 40$ bis 50;
    b) $y = 1 - 15\,x$ für $x = 0,001$ bis $0,01$;
    c) $y = 0,027\,x - 0,860$ für $x = -1$ bis $+1$.

12. Man bestimme a so, dass die Geraden mit den Gleichungen
    $a\,x + y - 3 = 0$, $\quad a\,x + 2\,y = 0$, $\quad x - y - 1 = 0$ durch denselben Punkt gehen. Schnittpunkt?

13. Man bestimme den Schnittpunkt der Geraden, die durch je zwei Punkte gegeben sind.
    a) $(-600, 860)$, $(600, 1100)$ und $(-600, 1350)$, $(600, 750)$;
    b) (a, b), (b, a) und $(a, -b)$, $(b, -a)$;
    c) $(a, 0)$, $(0, -b)$ und $(0, a)$, $(-b, 0)$;
    d) $(a, 0)$, $(0, b)$ und $(a + 1, 0)$, $(0, b + 1)$.

14. Man zeichne
    a) $y = 0,1\,x^2 - x - 2$; b) $y = x\,(5 - x)$; c) $y = -\dfrac{1}{6}\,x^2 - 2\,x + 2$.

15. Man bestimme den Scheitel der Parabel $y = a\,x^2 + b\,x + c$ durch A, B, C:
    a) $A(0, 5)$, $B(8, 10)$, $C(10, 0)$; b) $A(0, 0)$, $B(24, 0)$, $C(60, 15)$;
    c) $A(-5, 0)$, $B(15, 0)$, $C(0, 3)$.

16. Man bestimme die gemeinsamen Punkte der Parabeln
    $y = 0,1\,x\,(x - 4)$ und $y = -0,15\,x^2 + 0,8\,x + 13$
    (Zeichnung und Rechnung).

Gruppe P. *Darstellung von Funktionen*
im rechtwinkligen Koordinatensystem

Es sind die Bilder der folgenden Funktionen im rechtwinkligen Koordinatensystem zu skizzieren (dabei sind alle Quadratwurzeln sowohl positiv als auch negativ zu nehmen):

1. $y = a\,x^2 + 0,5\,x - 2$ für einige Werte von a.

2. $y = \dfrac{1}{10}\,(x^3 - 9\,a\,x)$ für einige Werte von a.

3. $y = \sqrt{x - a}$ für einige Werte von a.

4. $y = \sqrt{a - x}$ für einige Werte von a.

5. $y = \sqrt{a\,x - 3}$ für einige Werte von a.

6. $y = \frac{1}{10}\,a\,x\sqrt{x - 3}$ für einige Werte von a.

7. $y = \frac{1}{10}\,a\,x^2\sqrt{x - 3}$ für einige Werte von a.

8. $y = 0{,}5\,x + 1 + \dfrac{10}{x}$, $\qquad y = 0{,}5\,x + 1 - \dfrac{10}{x}$.

9. $y = 0{,}5\,x + 1 + \dfrac{10}{x^2}$, $\qquad y = 0{,}5\,x + 1 - \dfrac{10}{x^2}$.

10. $y = 0{,}5\,x + 1 + \dfrac{10}{x - 2}$, $\qquad y = 0{,}5\,x + 1 - \dfrac{10}{x - 2}$.

11. $y = 0{,}5\,x + 1 + \dfrac{10}{(x - 2)^2}$, $\qquad y = 0{,}5\,x + 1 - \dfrac{10}{(x - 2)^2}$.

12. $y = 0{,}1\,x^2 + \dfrac{5}{x}$, $\qquad y = 0{,}1\,x^2 + \dfrac{5}{x^2}$.

13. $y = -\,0{,}1\,x^2 + \dfrac{5}{x}$, $\qquad y = -\,0{,}1\,x^2 + \dfrac{5}{x^2}$.

14. $y = 0{,}1\,x^2 + \dfrac{5}{x - 2}$, $\qquad y = 0{,}1\,x^2 - \dfrac{5}{x - 2}$.

15. $y = \dfrac{1}{5}\,x\sqrt{x\,(10 - x)}$. $\qquad$ **16.** $y = \sqrt[3]{3\,x^2 - x^3}$.

17. $y = \dfrac{1}{(x - 1)^2} - \dfrac{1}{(x + 1)^2}$. $\qquad$ **18.** $y = \dfrac{x\sqrt{1 - x}}{1 + x}$.

19. $y = 27\,\dfrac{\sqrt[3]{(x - 1)^2}}{x^2 + 9}$. $\qquad$ **20.** $y = \sqrt[3]{\dfrac{x^4 - 2\,x^2}{x - 1}}$.

Gruppe Q. *Potenzieren mit ganzzahligen Exponenten*

1. Womit ist 5^{12} zu multiplizieren, damit sich 10^{12} ergibt?
$7^9 = 40\,353\,607$, $\quad 7^7 = ?$ $\quad 4096 = 2^7 \cdot ?$, $\quad 4096 = 2^{15} \cdot ?$

2. Womit ist 12^7 zu multiplizieren, damit sich 4^7 oder 4^{12} oder 4^3 ergibt? Wodurch ist 12^7 zu dividieren, damit sich die gleichen Zahlen ergeben?

3. Womit ist $b = a^{m-n-1}$ zu multiplizieren, damit sich a^{m+1} oder a^{m+n+1} oder a ergibt? Wodurch ist b zu dividieren, damit sich a^{m-1} oder a^n oder a^2 ergibt?

4. Womit ist $b = a^{3m-2}$ zu multiplizieren, damit sich a^{3m} oder a^{4m-2} oder a^{6m+1} ergibt? Wodurch ist b zu dividieren, damit sich a^m oder a^{2m+1} oder a ergibt?

5. $0{,}125^{-3}$; $0{,}625^{-3}$; $\dfrac{1}{0{,}25^{-4}}$; $\dfrac{1}{0{,}25^4} + \dfrac{1}{0{,}03125^3} + \dfrac{1}{(^1/_3)^5}$.

6. $[(2^2/_3)^4 : (^5/_6)^4] : (3^1/_5)^4$; $(8^1/_2)^{-3}\left(\dfrac{4}{17}\right)^{-3}\left(\dfrac{1}{2}\right)^{-3}$.

$\left(\dfrac{3}{5}\right)^{-7}\left(\dfrac{4}{11}\right)^{-7}(2^7/_{24})^{-7} + (2^7/_{12})^{-3} : (20^2/_3)^{-3}$.

7. $\dfrac{2^{-3n+2} \cdot 3^{2n-2}}{2^{2-2n} \cdot 3^{2-n}} : \dfrac{3^{2n-1} \cdot 2^{-1} \cdot 6^{n-1}}{3^2 \cdot 4^{n-1}}$.

8. $\dfrac{[2\,(3\,a^{-2}\,x^{-1})^{-3}]^{-2}}{[2^{-2}\,(3\,a^{-3}\,x^{-2})^2]^3}$, $\dfrac{[3\,(2\,a^{-2}\,b^{-1})^{-2}]^{-3}}{[3^{-2}\,(2\,a^{-3}\,b^{-2})^2]^3}$.

9. $(-2\,a^3)^4 + (-2\,a^4)^3 - (-3\,a^6)^2 - (-5\,a^4)^3$, $(-2^{-3})^2$, $(-2^2)^{-3}$,

$(-2^{-2})^{-3}$, $(-2^{-3})^{-2}$, $\left[\dfrac{1}{(-2)^{-1}}\right]^{-1}$.

10. $(-a^{2n-1})^{2n}$, $(a^{2n-1})^{2n}$, $(-a^{2n})^{2n-1}$, $(a^{2n})^{2n-1}$.

11. $1 : (-2^{-3})^{2n}$, $1 : (-2^{-2n})^3$, $1 : (-2^{-2})^{2n+1}$, $1 : (-2^{2n+1})^{-2}$.

12. $\left[-\left(\dfrac{1}{3}\right)^{-2}\right]^3 + [(-3)^3]^{-1} + \left[\left(-\dfrac{1}{3}\right)^{-3}\right]^2$,

$\left[\left(-\dfrac{1}{2}\right)^{-3}\right]^2 + \left[-\left(\dfrac{1}{2}\right)^{-2}\right]^3 + [(-2)^3]^{-1}$.

13. $(-10^{-3})^{-2n} - [(-10)^{-3}]^{-2n+1} + \left(-\dfrac{1}{10}\right)^{-6n-1} = ?$

14. $3 \cdot 10^7 - 34\,(10^{-3})^{-2} - 24\left[-\left(\dfrac{1}{10}\right)^2\right]^{-3} - 10\left[-\dfrac{1}{2}\left(\dfrac{1}{10}\right)^{-3}\right]^2 = ?$

$5 \cdot 10^8 - 100\,(2 \cdot 10^{-2})^{-2} - \left[3\left(\dfrac{1}{10}\right)^{-2}\right]^3 = ?$

$10^8 - 1000\,(3 \cdot 10^{-3})^{-2} - \left\{10 \cdot \dfrac{1}{2}\left(\dfrac{1}{10}\right)^{-2}\right\}^3 = ?$

15. $(-10^{2x})^3 - (-10^{-2x})^{-2} + \left(\dfrac{1}{10}\right)^{-4x} + (-10^x)^6 = ?$

$4 \cdot 10^{3c+1} - 2{,}7\,(-10^{-c})^{-3} + \dfrac{3{,}1}{100}\left[\left(\dfrac{1}{10}\right)^{-1}\right]^{3c+3} = ?$

16. $(a^{-2n} - b^{-2n}) : (a^{-n} - b^{-n})$, $(a^{-3n} - b^{-3n}) : (a^{-n} - b^{-n})$, $(a^{-3} \pm b^{-3})^3$.

17. $(a^{-3} + b^{-2})^4 - (a^{-3} - b^{-2})^4$, $(a^{-3} + b^{-2})^4 + (a^{-3} - b^{-2})^4$.

18. Als Bruch mit *einem* Nenner zu schreiben:
$a^{-1} - b^{-1} - (a - b)^{-1}$, $a^{-2} - b^{-2} - (a - b)^{-2}$, $a^{-3} - b^{-3} - (a - b)^{-3}$.

19. $[(a - b)^m]^n : (a - b)^m$.

20. $(a - b)^{n+1} \cdot (b - a)^{n-1}$, $(a - b)^n : (b - a)^{n-1}$, $(a - b)^n : (b - a)^{n-2}$, $(a - b)^n : (b - a)^{1-n}$, $(a - b)^n : (b - a)^{2-n}$.

21. Grösster gemeinsamer Faktor von $a^{3m} - 27\, b^{6n}$ und $a^{5m} - 9\, a^{3m} b^{4n}$.

22. $\left[\dfrac{a^2 - b^2}{(p - q)^n}\right]^m \cdot \dfrac{[(p^2 - q^2)^m]^n}{(a + b)^m} \cdot \dfrac{(a - b)^m}{(p + q)^{mn}}$;

$\left[\dfrac{u^2 - v^2}{(a - b)^5}\right]^n \cdot \dfrac{[(a^2 - b^2)^n]^5}{(u + v)^n} \cdot \dfrac{(u - v)^{-n}}{(a + b)^n}$.

23. Auf gleichen Nenner bringen:

$\dfrac{1}{x^{n+1}} - \dfrac{1}{x^{n-1}} - \dfrac{1}{x^2}$, $\dfrac{1}{a^{n-3}\, b^n} + \dfrac{3}{a^{n-2}\, b^{n-1}} + \dfrac{3}{a^{n-1}\, b^{n-2}} + \dfrac{1}{a^n\, b^{n-3}}$.

24. $\dfrac{m^2}{(m + n)^2} - \dfrac{n^2\, (m + n)^{3x+2}}{(m + n)^{4+3x}} = ?$ $\dfrac{(a + b)^2}{4\, a^2} - \dfrac{(a - b)^2\, a^{5m+3}}{4\, a^{5+5m}} = ?$

25. $\dfrac{(a^x - 3\, b^x)\, a^x + (3\, a^x - b^x)\, b^x}{a^x - b^x}$, $\dfrac{(a^{n+m} - a^n) \cdot (a^n - a^{n-m})}{(a^{n+m} - a^n) - (a^n - a^{n-m})}$.

26. Zerlegen: $a^{4n} - b^{4n}$, $a^{4n} + b^{4n}$, $a^{3n} + b^{3n}$, $a^{3n} - b^{3n}$.

27. Man berechne das Produkt
$(1 - x)\,(1 - x^2)\,(1 - x^3)\,(1 - x^4) \cdots$ bis zum Gliede x^{12}.

28. Man berechne $(1 + x + x^2 + \cdots)$ mal $(1 + x^2 + x^4 + x^6 + \cdots)$ mal $(1 + x^3 + x^6 + x^9 + \cdots)$ mal usw. bis zum Gliede x^{10}.

Gruppe R. *Radizieren*

1. Die Zahl 4 als Produkt von vier gleichen Faktoren, allgemein n als Produkt von n gleichen Faktoren darzustellen.

2. Es ist $\sqrt[12]{2} = 1{,}05946$. Man berechne $\sqrt[12]{4}$, $\sqrt[12]{16}$, $\sqrt[12]{32}$.

3. Zwischen welchen ganzen Zahlen liegen $\sqrt[5]{10}$, $\sqrt[5]{100}$, $\sqrt[5]{1000}$, $\sqrt[7]{100}$, $\sqrt[7]{1000}$, $\sqrt[7]{10000}$, $\sqrt[12]{10^6 + 1}$? Wieviele Stellen vor dem Komma hat die dritte Wurzel aus einer elfstelligen, die fünfte Wurzel aus einer achtzehnstelligen, die n-te Wurzel aus einer s-stelligen natürlichen Zahl?

4. Welche Form hat die Primzahlzerlegung einer natürlichen Zahl, deren a) zweite, b) dritte, c) n-te Wurzel «aufgeht»?

5. Womit ist $\sqrt[4]{2}$ zu multiplizieren, damit sich $\sqrt{2}$ oder 2 oder 4 oder 8 ergibt?

6. Womit ist $\sqrt[7]{0,5}$ zu multiplizieren, damit sich $\sqrt[7]{2}$ oder 2 ergibt? Womit $\sqrt[7]{a^{-1}}$, damit sich $\sqrt[7]{a}$ oder a ergibt?

7. Was wird aus $\sqrt[n]{10}$, wenn n unbegrenzt wächst? Aus $\sqrt[n]{n}$?

8. Das Radizieren kann als gesteigerte Division betrachtet werden, wobei der Divisor, durch den mehrfach dividiert werden muss, damit sich 1 ergibt, die gesuchte Grösse ist. Zum Beispiel $\sqrt[5]{a} = x$, fünfmaliges Dividieren von a durch x muss Eins geben:
$a:x$, $(a:x):x = a:x^2$, $(a:x^2):x = a:x^3$, $(a:x^3):x = a:x^4$,
$(a:x^4):x = a:x^5 = 1$, das heisst $a = x^5$.

9. Das Radizieren mit natürlichen Exponenten legt eine Verallgemeinerung auf beliebige ganzzahlige Exponenten (ungleich 0) nahe: $\sqrt[-3]{a} =$ soll diejenige positive Zahl x sein, für die $x^{-3} = a$.

$$\sqrt[-2]{0,25}, \ \sqrt[-1]{2}, \ \sqrt[-3]{0,125}, \ \sqrt[-3]{8}, \ \sqrt[-4]{\frac{1}{16}}, \ \sqrt[-4]{16}, \ \sqrt[-1]{a} = ?$$

Diese Schreibweise ist aber nicht üblich. Nach der Einführung gebrochener Exponenten (Gruppe S) ist das Wurzelzeichen überhaupt nicht mehr nötig. – Warum ist $\sqrt[0]{a}$ nicht ausführbar?

10. Man bestimme x aus den folgenden Gleichungen:

$$\sqrt[x]{81} = 3, \ \sqrt[3]{x} = 3, \ \sqrt[3]{x} = 8, \ \sqrt[3]{0,001} = x, \ (0,5)^{-\sqrt{x}} = 1, \ (0,5)^{\sqrt{x}} = 0,5,$$

$$(0,5)^{\sqrt{x}} = 0,25, \ (0,5)^{\sqrt{x}} = 2, \ (0,5)^{\sqrt{x}} = 4, \ \left(\sqrt[3]{x}\right)^2 = 4, \ \left(\sqrt[3]{2}\right)^x = 4,$$

$$\left(\sqrt[3]{3}\right)^x = 9, \ \left(\sqrt[3]{3}\right)^x = 1, \ \left(\sqrt[3]{3}\right)^x = \frac{1}{3}, \ \left(\sqrt[3]{x}\right)^{-2} = 3, \ \left(\sqrt[3]{x}\right)^2 = 1, \ \left(\sqrt[3]{3}\right)^6 = 9.$$

11. Zwischen die natürlichen Zahlen $1, 2, 4, 8, 16, \ldots, 2^k, 2^{k+1}, \ldots$ a) je eine, b) je zwei, c) je $n-1$ Zahlen derart einzuschalten, dass eine geometrische Reihe entsteht.

12. Zwischen a und b eine Reihe von n-Zahlen so einzuschalten, dass eine geometrische Reihe mit $n+2$ Gliedern entsteht. Allgemein und für $a = 2$, $b = 18$, $n = 5$.

13. $\sqrt[n]{a} \cdot \sqrt[n]{a^2} \cdot \sqrt[n]{a^{n-3}}$, $\quad \sqrt[7]{3} \cdot \sqrt[7]{9} \cdot \sqrt[7]{81}$, $\quad \sqrt[3]{4} \cdot \sqrt[3]{16} \cdot \sqrt[3]{15625}$.

14. $2 \cdot \sqrt[n]{a^{nx}} + 3 \left(\sqrt[n]{a^x}\right)^n - 4 \sqrt[x]{a^{x \cdot x}}$, $\ \sqrt[n]{a^{2nx}}$, $\ \sqrt[n]{a^{nx-1}}$, $\ \sqrt[n]{a^{nx+1}}$, $\ \sqrt[n]{a^{nx+2n}}$,
$\sqrt[n]{a^{nx-nv}}$, $\ \sqrt[n]{a^{m-n}} \cdot \sqrt[n]{a^{n-m}}$, $\ \sqrt[n]{a^{n+1}} \cdot \sqrt[n]{a^{n-1}}$.

15. $\left(\sqrt[n]{a} - \sqrt[n]{b}\right)^k$ für $k = 0, 1, 2, 3, 4$.

16. $\left(\sqrt[5]{a^2} - \sqrt[2]{a^5}\right)^5$.

17. In ein Produkt zu verwandeln: $a\sqrt[n]{x^{n+1}} - b\sqrt[n]{x^{3n+1}}$,

$$p\sqrt[n]{x^{2n+2}\,y^{3n+2}} - q\sqrt[n]{x^{3n+2}\,y^{2n+2}},$$

$$x\sqrt[q]{a^{q+3}\,b^{2q-1}} + y\sqrt[q]{a^{2q+3}\,b^{3q-1}},$$

$$a^2\sqrt[n]{u^{3n+3}\,v^{3n+2}} - b^2\sqrt[n]{u^{2n+3}\,v^{4n+2}},$$

$$a\sqrt[3]{u^{5n+3}\,v^{6n+m}} + b\sqrt[3]{u^{5n}\,v^{6n+m+3}}.$$

18. $\left(\sqrt[3]{9-\sqrt{17}} - \sqrt[3]{\frac{1}{8}\sqrt{17}-1^{1}/_{8}}\right)\cdot\sqrt[3]{3+\frac{1}{3}\sqrt{17}} = ?$

$$\left\{\sqrt[4]{\sqrt{a\,b}\left(\sqrt{\frac{a}{b}}-\sqrt{\frac{b}{a}}\right)}\right\}^2\cdot\sqrt{a-b} = ?$$

$$\left(\sqrt[n]{b^{-2}+a^{-2}}\right)^2\cdot\left(\sqrt[n]{b^{-2}-a^{-2}}\right)^2\cdot\left(\sqrt[n]{\sqrt{a\,b}:\sqrt[4]{a^{-4}-b^{-4}}}\right)^8 = ?$$

19. $\dfrac{\sqrt[7]{28\,a^2-11\,a-30}}{\sqrt[7]{7\,a+6}} : \dfrac{\sqrt[7]{8\,a^2+18\,a-35}}{\sqrt[7]{2\,a+7}} = ?$

20. $\left(\sqrt[4]{a^4-b^4}:\sqrt[3]{a^3+a^2\,b+a\,b^2+b^3}\right):\sqrt[3]{a-b} = ?$

21. $\sqrt[3]{3\,a^2\,b^2\,c^4-4\,a^4\,b^2\,c^2+5\,a^2\,b^4\,c^2}:\sqrt[3]{\dfrac{3\,c}{a\,b}-\dfrac{4\,a}{b\,c}+\dfrac{5\,b}{c\,a}} = ?$

22. $\left(\sqrt[n]{a^{x+y}}-\sqrt[n]{a^x\,b^x}-\sqrt[n]{a^y\,b^y}+\sqrt[n]{b^{x+y}}\right):\left(\sqrt[n]{a^y}-\sqrt[n]{b^x}\right) = ?$

23. $(a-1):\left(\sqrt[3]{a}-1\right), \quad (a+b):\left(\sqrt[3]{a}+\sqrt[3]{b}\right) = ?$

24. $(a-b):\left(\sqrt[4]{a}-\sqrt[4]{b}\right), \quad (a+b):\left(\sqrt[5]{a}+\sqrt[5]{b}\right) = ?$

25. $\sqrt[n]{a}\cdot\sqrt[2n]{a^2}, \quad \sqrt[n]{a}\cdot\sqrt[2n]{b}, \quad \sqrt[n]{a^{n+1}}:\sqrt[2n]{a^2},$

$$\sqrt[n]{a^{n+1}}:\sqrt[2n]{b^{2n+2}}, \quad \sqrt[n]{a}:\sqrt[2n]{b}, \quad \left(\sqrt[n]{a^{n+1}}:\sqrt[m]{b^{m-1}}\right):\sqrt[r]{c^{r-2}} = ?$$

26. $\sqrt[6]{a\,b^3}\,\sqrt[4]{a^5\,b^7}\,\sqrt[3]{a^2\,b^4}\,\sqrt{a^3\,b}\,\sqrt[12]{a^5\,b^{11}} = ? \quad \left(\sqrt[7]{a^2\,b^4}\right)^2\left(\sqrt[7]{a\,b^2}\right)^3 = ?$

27. $\left(\sqrt{2}+\sqrt[3]{2}+\sqrt[4]{2}+\sqrt[5]{2}+\sqrt[6]{2}\right)\left(\sqrt{2}-\sqrt[3]{2}+\sqrt[4]{2}-\sqrt[5]{2}+\sqrt[6]{2}\right) = ?$

28. Unter eine Wurzel zu bringen:

$$\left(1+\sqrt{2}\right)\sqrt[3]{7-5\sqrt{2}}, \quad \left(3+\sqrt{5}\right)\sqrt[3]{9-4\sqrt{5}}, \quad \sqrt[n]{a^{n+1}}:a,$$

$$(u-v)\sqrt{(u+v)\sqrt[3]{(u-v)^{-1}\,(u^2-v^2)^{-1}}}.$$

29. $2\sqrt{0{,}5\sqrt{0{,}5\sqrt{0{,}5\sqrt{0{,}5}}}}, \quad a\sqrt{a^{-1}\sqrt{a^{-1}\sqrt{a^{-1}\sqrt{a^{-1}}}}},$

$$a\sqrt[3]{a\sqrt[3]{a\sqrt[3]{a}}}, \quad a\sqrt[n]{a\sqrt[n]{a\sqrt[n]{a}}}, \quad a\sqrt[n]{a^{1-n}\sqrt[n]{a^{1-n}\sqrt[n]{a^{1-n}}}}.$$

30. $\sqrt[n]{\dfrac{a}{b}} : \sqrt[m]{\dfrac{b}{a}}, \quad \sqrt[6]{a^7\,b^7} : \sqrt{a^2\,b^2\sqrt{a\,b}}, \quad 2 : \sqrt{2\sqrt{2\sqrt[3]{2}}}, \quad \sqrt{\dfrac{2}{\sqrt[3]{2}}}, \quad \sqrt[n-1]{\dfrac{a}{\sqrt[n]{a}}},$

$(a^m - b^m)\sqrt[n]{\dfrac{1}{a^m - b^m}}, \quad (a^m - b^m)\sqrt[n]{\dfrac{1}{a - b}}, \quad (a - b)\sqrt[n]{\dfrac{1}{a^n - b^n}}.$

31. Den Nenner zu rationalisieren: $(x^2\,y) : \sqrt[3]{x^2\sqrt{x\,y^2}},$

$\sqrt[3]{2\,y} : \sqrt[3]{\sqrt{x+y}+\sqrt{x-y}}, \quad \sqrt[4]{\sqrt{5}-\sqrt{2}} : \sqrt[5]{(\sqrt{5}+\sqrt{2})^4}.$

32. Den Nenner zu rationalisieren:

$$\dfrac{\sqrt[3]{a}+\sqrt[3]{b}}{\sqrt[3]{a}-\sqrt[3]{b}}, \quad \dfrac{\sqrt[4]{a}+\sqrt[4]{b}}{\sqrt[4]{a}-\sqrt[4]{b}}, \quad \dfrac{\sqrt[4]{a}-\sqrt[4]{b}}{\sqrt[4]{a}+\sqrt[4]{b}}, \quad \dfrac{\sqrt[6]{a}-\sqrt[6]{b}}{\sqrt[6]{a}+\sqrt[6]{b}}.$$

33. $\sqrt[3n]{\sqrt[m]{a^{4m-7}\,b^{6m-5}}} \cdot \sqrt[m]{\sqrt[3n]{a^{2m+1}\,b^{-1}}} \cdot \sqrt[nm]{(a\,b)^2} = ?$

34. $\left\{\left(\sqrt[5]{\left(\dfrac{a+b}{a-b}\right)^2} \cdot \sqrt[9]{\dfrac{(a-b)^3}{(a+b)^2}}\right) : \sqrt[15]{\dfrac{(a+b)^4}{(a-b)^7}}\right\} : \sqrt[45]{\dfrac{(a-b)^8}{(a+b)^4}} = ?$

Gruppe S. *Potenzieren mit gebrochenen Exponenten*

1. $25^{\frac{1}{2}} + 81^{\frac{3}{4}} - 125^{\frac{2}{3}} + 81^{0,5} - 16^{0,75} = ?$

$7^{\frac{3}{4}} \cdot 7^{\frac{3}{2}} \cdot 7^{\frac{7}{4}} + 16^{1\frac{3}{17}} \cdot 16^{\frac{5}{17}} \cdot 16^{\frac{1}{34}} = ?$

$\{49^{0,5} - 81^{0,75} + 32^{1,2} - 256^{0,375}\}^{0,5} = ? \qquad 7^{0,773} \cdot 7^{-0,432} \cdot 7^{1,659} = ?$

2. $\left(3^{\frac{3}{2}}\right)^{-\frac{1}{3}} \cdot (5^{1}/_{16})^{\frac{3}{4}} \cdot \left(\dfrac{3}{2}\right)^{-1}; \qquad 25^{-\frac{1}{2}}\,\dfrac{25\left\{1 - \left(\dfrac{25}{9}\right)^{-\frac{1}{2}}\right\}^{-1}}{27^{\frac{2}{3}} - 16^{\frac{3}{4}}};$

$(2^{1}/_{4})^{-\frac{1}{2}} \cdot (15^{5}/_{8})^{\frac{2}{3}} \cdot (6^{1}/_{4})^{-1}.$

3. Es gilt (auf 10^{-5} verlässlich):

$10^{0,1} = a = 1,25\,893;\quad 10^{0,01} = b = 1,02\,329;\quad 10^{0,001} = c = 1,00\,230;$

$10^{0,0001} = d = 1,00\,023.$

Man berechne hieraus $10^{1,2307}$, $10^{2,2307}$, $10^{3,2307}$, $10^{1,3075}$.

4. Womit ist $a^{\frac{m}{n}}$ zu multiplizieren, damit sich $a^{\frac{2m}{n}}$, $a^{\frac{m}{2n}}$, a, a^{m-1}, $a^{\left(\frac{m}{n}\right)^2}$ ergibt? Womit ist $a^{\frac{m}{n}}$ zu potenzieren, damit sich diese Grössen ergeben?

5. $(a + b)^{\frac{1}{2}} \cdot (a - b)^{\frac{1}{2}}$, $\left(a + b^{\frac{1}{2}}\right)^{\frac{1}{2}} \cdot \left(a - b^{\frac{1}{2}}\right)^{\frac{1}{2}}$, $(a^2 - b^2)^{\frac{1}{2}} : (a - b)^{\frac{1}{3}}$.

6. $\left(a^{\frac{1}{5}} + b^{\frac{1}{5}}\right)^5 - \left(a^{\frac{1}{5}} - b^{\frac{1}{5}}\right)^5$.

7. $(a - b^{-1}) : \left(a^{\frac{1}{3}} - b^{-\frac{1}{3}}\right)$, $\left(a^2 - a^{-\frac{1}{2}}\right) : \left(a^{\frac{2}{3}} - a^{-\frac{1}{6}}\right)$,

$\left(6\, x^{1\,5/_{12}} - 10\, x^{1\,7/_{12}} + 21\, x^{1\,3/_{20}} - 35\, x^{1\,1/_4}\right) : \left(3\, x^{\frac{8}{4}} - 5\, x^{\frac{4}{5}}\right)$,

$\left(\dfrac{9}{16}\, a^{\frac{4}{3}} - \dfrac{25}{9}\, b^{\frac{6}{5}}\right) : \left(\dfrac{3}{4}\, a^{\frac{2}{3}} - \dfrac{5}{3}\, b^{\frac{3}{5}}\right)$.

8. $\left\{\left[x + (x^2 - a^2)^{\frac{1}{2}}\right]^{\frac{1}{3}} \cdot \left[x - (x^2 - a^2)^{\frac{1}{2}}\right]^{\frac{1}{3}}\right\}^{\frac{1}{2}}$.

9. $\left\{(a + x)^{\frac{1}{2}} + (a - x)^{\frac{1}{2}}\right\}^{\frac{1}{2}} \cdot \left\{(a + x)^{\frac{1}{2}} - (a - x)^{\frac{1}{2}}\right\}^{\frac{1}{2}}$.

10. $\left\{\left[\left(\dfrac{a^2}{3}\right)^{\frac{1}{3}} \cdot \left(\dfrac{2}{a^5}\right)^{\frac{1}{6}}\right] : \left[\left(\dfrac{2}{3}\right)^{\frac{1}{6}} \cdot \dfrac{a^{\frac{1}{2}}}{a^{\frac{4}{3}}}\right]\right\} : \left\{a\left(\dfrac{3}{4}\, a^{-7}\right)^{\frac{1}{6}} : \dfrac{3^{\frac{1}{6}}\, a^{\frac{1}{2}}}{\sqrt[3]{2}\, a^{\frac{1}{3}}}\right\}$.

11. $\left\{\left[\dfrac{3\, x + (9\, x^2 - 4\, y^2)^{\frac{1}{2}}}{2}\right]^{\frac{1}{2}} - \left[\dfrac{3\, x - (9\, x^2 - 4\, y^2)^{\frac{1}{2}}}{2}\right]^{\frac{1}{2}}\right\}^{\frac{1}{2}}$.

12. $\left[x + (x^2 - 1)^{\frac{1}{2}}\right] \left[x - (x^2 - 1)^{\frac{1}{2}}\right]^{-1}$

$\qquad\qquad\qquad + \left[x - (x^2 - 1)^{\frac{1}{2}}\right] \left[x + (x^2 - 1)^{\frac{1}{2}}\right]^{-1}$.

13. $y = 2\, a\, (1 + x^2)^{\frac{1}{2}} \left\{x + (1 + x^2)^{\frac{1}{2}}\right\}^{-1}$ für $x = \dfrac{1}{2} \left\{\left(\dfrac{a}{b}\right)^{\frac{1}{2}} - \left(\dfrac{b}{a}\right)^{\frac{1}{2}}\right\}$.

Gruppe T. *Logarithmen*

1. Mit den Bezeichnungen $\log 2 = a$, $\log 3 = b$ stelle man dar: $\log 12$, $\log 216$, $\log 1{,}5$, $\log 45$, $\log 0{,}375$, $\log 0{,}04$, $\log \dfrac{1}{15}$, $\log 360$, $\log 25\,920$.

2. Umzuformen:

$\log \sqrt{a \sqrt{b}}$, $\log\left\{a \sqrt[n]{a \sqrt{a}}\right\}$, $\log \sqrt{\dfrac{a + b}{\sqrt{a\,b}}}$, $\log\left\{\left(\dfrac{a - b}{a + b}\right)^{\frac{1}{3}} \sqrt{\dfrac{a\,b}{a - b}}\right\}$.

3. Man bestimme x aus:

$\log x = \dfrac{2}{3} \log a + \dfrac{3}{4} \log b - \dfrac{4}{5} \log c$, $\log x = -\dfrac{2}{3} \log a$,

$\log x = -\dfrac{1}{2} \log (a + b)$, $\log x = \dfrac{1}{n} \log \sqrt{1 + a}$,

$$\log x = \frac{1}{2}\log(a+b) - \frac{1}{2}\log(b+c) - \frac{1}{2}\log(c+a),$$

$$\log x = \log a + \frac{1}{a}\left(\log a + \frac{1}{a}\log a\right).$$

4. $11\,111 \cdot 33\,333 \cdot 55\,555 \cdot 77\,777 \cdot 99\,999.$

5. $\sqrt[3]{0{,}1},\ \sqrt[3]{0{,}01},\ \sqrt[3]{0{,}001},\ \sqrt[3]{0{,}0001}.$

6. $\dfrac{1}{0{,}1\,\pi\,\sqrt[3]{0{,}0808}}.$ **7.** $\dfrac{1}{0{,}01\,0011}.$ **8.** $\dfrac{1}{10\,011}.$

9. $\sqrt[3]{0{,}55}\,\sqrt{\dfrac{\pi}{2}}.$ **10.** $\dfrac{\sqrt[3]{0{,}055}}{0{,}55^3}.$ **11.** $1{,}1^{10};\ 1{,}01^{100};\ 1{,}001^{1000}.$

12. $\sqrt{2-\sqrt{2-\sqrt{2}}}.$

13. Man berechne $\log(a+b-c)$ aus $\log a = 1{,}5$, $\log b = 0{,}8$ und $\log c = -0{,}5$.

14. $77^{-7};\ 0{,}077^{-7};\ 0{,}077^{7}.$

15. $\log(\log x) = a$. Man bestimme x für $a = 0$, 1 und -1.

16. $55\,000^{-0{,}55};\ 0{,}55^{5{,}5};\ 0{,}055^{-0{,}55}.$

17. 12 als Potenz von 7 darzustellen, ebenso 7 als Potenz von 12.

18. $\log[102 - \log(1+x)] = 2.$ $x = ?$

19. $8^{9^x} = 9^{8^x}$, $x = ?$

20. Der Grösse nach zu ordnen: 118^{117}, 119^{116}, 117^{118}.

21. Man berechne den Durchmesser eines Kreises mit der Fläche $1{,}000\,00\ \text{m}^2$ und die Fläche eines Kreises mit dem Umfang $1{,}000\,00\ \text{m}$.

22. Man berechne
die Oberfläche einer Kugel mit dem Volumen $1{,}000\,00\ \text{m}^3$
und das Volumen einer Kugel mit der Oberfläche $1{,}000\,00\ \text{m}^2$.

23. Man bestimme die Grössenordnungen der Zahlen 2^{64}, 7^{-49}, 9^9, 9^{9^9}.

Gruppe U. *Logarithmen. Potenz- und Exponentialfunktion*

1. $\dfrac{0{,}12345\,\sqrt{0{,}34567}\cdot 0{,}56789^3}{0{,}23456\,\sqrt[3]{0{,}45678}\cdot 0{,}67890^2}.$

2. $\sqrt[7]{0{,}01};\ \sqrt[11]{0{,}001}.$ **3.** $0{,}07^{17};\ 17^{-7{,}7}.$

4. 1000 als Potenz von 2 und von 3 darzustellen.

5. $\left[\left(\frac{3}{2}\right)^{12} : 2^7\right]^x = \left(\frac{3}{2}\right)^{12}$. $x = ?$

(Diese Gleichung spielt für die arithmetische Harmonielehre eine Rolle; x gibt an, wie oft das Pythagoräische Komma im Quintenzirkel enthalten ist.)

6. Man berechne $^2\!\log a$ für $a = 10; 100; 1000; 0,1; 0,01; 0,001$.

7. $^x\!\log 1024 = ?$ für $x = 2; 4; 8; 16; 32; \frac{1}{2}; \frac{1}{4}; \frac{1}{8}; \frac{1}{16}; \frac{1}{32}$.

8. $100^x = 1000; 100^x = 0,1; 100^x = 0,05$. $x = ?$

9. $^1\!\log 1 = ?$

10. Man bestimme x aus: $^a\!\log a^x = a^2$; $^a\!\log x^a = a^2$; $^x\!\log a^a = a^2$.

11. Man bestimme x aus:
$^a\!\log(^a\!\log x) = 1$; $^a\!\log(^x\!\log a) = 1$; $^x\!\log(^a\!\log a) = 1$.

12. $^2\!\log 3$; $^3\!\log 2$; $^2\!\log 0,3$; $^3\!\log 0,2$; $^2\!\log \frac{1}{3}$; $^3\!\log \frac{1}{2}$.

13. $y = 2^x$, $y = 3^x$, $y = 2 \cdot 10^{0,4x}$, $y = 10 \cdot 2^{-1,5x}$ auf die Form $y = a\, e^{cx}$ zu bringen.

14. $y = a\, x^n$. Man bestimme a und n aus den folgenden Wertepaaren (x, y): a) $(3, 7)$ und $(7, 3)$; b) $(4, 8)$ und $(16, 1)$; c) $(2,1)$ und $(10, 8)$.

15. $y = 10 \cdot 2,2^{-0,3x}$ auf die Form $y = 10\, e^{cx}$ zu bringen. Wie gross ist y für $x = 0$ und für $x = 10$?

16. Man möchte $x^{0,875}$ für $x = 1$ bis 10 ablesen. Die untere logarithmische Skala hat die Einheit 125 mm. Welche Einheit hat die darüberstehende Skala? Die Skalen sind zu zeichnen. Ablesebeispiele für $x = 3,5$ und $x = 8,5$. Dasselbe für $x^{1,35}$.

17. Man bestimme mit Hilfe von Potenzpapier angenähert die Werte $y = 2,5\, x^{1,7}$ und $y = 6,5\, x^{-0,3}$ für $x = 20, 40, 60, 80, 100, 200, 400, 600, 800$.

18. Man bereite auf Potenzpapier die Ablesung von $F = \frac{\pi}{4}\, d^2$ und $V = \frac{\pi}{6}\, d^3$ vor für $d = 1$ cm bis 30 cm.

19. Eine Grösse k nimmt in der Zeiteinheit (zum Beispiel 1 Jahr) um $p\%$ zu. Mit Exponentialpapier das Wachstum nach 1 bis 18 Zeiteinheiten darzustellen für $p = 4\%$, 5%, 6% und 10%.

20. Das Anfangsglied einer geometrischen Reihe ist $a = 1,2$, der Quotient $q = 1,25$. Man bestimme mit Exponentialpapier eine Anzahl Glieder. Dasselbe für $a = 1,2$ und $q = 0,8$.

21. Auf Exponentialpapier zum Ablesen vorzubereiten: $y = e^{\mu \alpha}$ für $\mu = 0,5$; $0,4$; $0,3$; $0,2$; $0,1$ und für die Winkel α von 0 bis 2π.

Gruppe V. *Geometrische Reihen*

1. O ist der Ursprung eines rechtwinkligen xy-Systems. $ABCD \ldots$ ist ein rechtwinkliger Streckenzug; A liegt auf der positiven x-Halbachse, B auf der positiven y-Halbachse, C auf der negativen x-Halbachse usw. $OA = a$, $OB = b = \dfrac{4}{3}\, a$.

a) Man berechne die Länge L des Streckenzuges $ABCD \ldots$ nach vier vollen Umläufen. (Auf einen Umlauf kommen vier Strecken.)

b) Man berechne die Länge s des von A entsprechend nach innen unbegrenzt fortgesetzten Streckenzuges.

c) Wieviele (n) volle Umläufe des Zuges $ABCD \ldots$, von A aus gerechnet, haben im Kreise um O mit dem Radius $r = 100\,a$ Platz? (Man betrachte die Ecken auf der positiven x-Halbachse.)

2. Einem gleichschenkligen Dreieck mit der Grundlinie a und der Höhe $h = \dfrac{1}{n}\, a$ wird das Quadrat eingeschrieben. Auch dem die Spitze enthaltenden Restdreieck wird das Quadrat eingeschrieben usw. Man bestimme das Verhältnis x der von sämtlichen Quadraten überdeckten Fläche zur Fläche des Ausgangsdreiecks. Allgemein und insbesondere für $n = 18$.

3. In einen Kreis wird der konzentrische Kreis gezeichnet, der $p = 10\%$ des Ausgangskreises unbedeckt lässt. Mit dem neuen Kreis wird gleich verfahren usw.

Wieviele (n) Kreise kann man einzeichnen, wenn die Fläche des innersten Kreises noch mindestens $p = 10\%$ des Ausgangskreises betragen soll?

4. Eine Strecke von der Länge l auf verschiedene Arten als Summe von Teilstrecken darzustellen, die eine unbegrenzte geometrische Reihe bilden.

5. Eine Strecke von der Länge l als Summe von Teilstrecken darzustellen, die eine geometrische Reihe mit $n = 12$ Gliedern und mit dem Quotienten $q = 0,5$ bilden. Anfangsglied?

6. Die Diagonalen eines regelmässigen Fünfecks umschliessen ein zweites regelmässiges Fünfeck, dessen Diagonalen ein drittes usw. Man bestimme den Quotienten der Reihe der Fünfecksseiten.

7. a und b $(a > b)$ sind die parallelen Seiten eines gleichschenkligen Trapezes von der Höhe h. Durch Parallelen zur Grundlinie wird das Trapez in n Felder zerlegt, so dass die entsprechenden Felddiagonalen parallel sind. Man berechne die Teilhöhen.

8. Beim Durchgang des Lichtes durch eine Glasplatte nimmt dessen Stärke um 10% ab. Mit welchem Bruchteil der Anfangsstärke verlässt es einen Satz von zwölf Platten?

9. Die Kosten einer Maschinenanlage betrugen K. Abschreibung pro Jahr p%. Nach wieviel Jahren beträgt der Wert noch q% des Anschaffungswertes? $p = 10$, $q = 20$.

10. Von einem Liter einer p-prozentigen Lösung wird 1 dl ausgeschöpft und durch reines Wasser ersetzt. Nach Umrühren wird wieder 1 dl durch reines Wasser ersetzt usw. Wievielprozentig ist die Lösung nach 10, allgemein nach n Schritten geworden?

11. $\displaystyle\sum_{i=0}^{n} a^{n-i} b^i = ?$ $\qquad \displaystyle\sum_{i=0}^{n} (-1)^i a^{n-i} b^i = ?$

(für gerades und für ungerades n)

12. Es sei $|x| < \dfrac{b}{c}$. $\quad \dfrac{a}{b} \displaystyle\sum_{n=0}^{\infty} \left(\dfrac{cx}{b}\right)^n = ?$ $\quad \dfrac{a}{b} \displaystyle\sum_{n=0}^{\infty} (-1)^n \left(\dfrac{cx}{b}\right)^n = ?$

Gruppe W. *Übungen zur Wiederholung*

1. $2(a+b+c+d)^3 - (a+b+c-d)^3 - (b+c+d-a)^3$
$\qquad\qquad - (c+d+a-b)^3 - (d+a+b-c)^3 = ?$

2. Man bestimme $ax + by + cz$ und $a^2 x + b^2 y + c^2 z$ für

$$x = \frac{(d-b)(d-c)}{(a-b)(a-c)}, \qquad y = \frac{(d-c)(d-a)}{(b-c)(b-a)}, \qquad z = \frac{(d-a)(d-b)}{(c-a)(c-b)}.$$

3. $s = \dfrac{1}{1 \cdot 4} + \dfrac{1}{4 \cdot 7} + \dfrac{1}{7 \cdot 10} + \cdots + \dfrac{1}{97 \cdot 100} = ?$

$$\text{Mit} \quad \frac{1}{3}\left(\frac{1}{k} - \frac{1}{k+3}\right) = \frac{1}{k(k+3)}.$$

4. Man bestimme alle natürlichen Zahlen, die durch 7 geteilt den Rest 1, durch 11 geteilt den Rest 2 und durch 13 geteilt den Rest 3 liefern. ($7l + 1 = 11m + 2 = 13n + 3$, also sind $11m + 1 = 13n + 2$ Vielfache von 7, also $m = 5 + 7u$, $n = 2 + 7v$.)

5. Es sind zwei natürliche Zahlen gesucht, deren Summe und Produkt die Summe 898 ergeben.

6. In Partialbrüche zu zerlegen für $k = 0$ und für $k = 1$ und für $k = 2$:

$$\frac{x^k}{(x-1)\,(x-2)\,(x-3)}.$$

Man setzt den gegebenen Ausdruck gleich $\dfrac{A}{x-1} + \dfrac{B}{x-2} + \dfrac{C}{x-3}$, multipliziert beidseitig mit $(x-1)\,(x-2)\,(x-3)$ und vergleicht die Koeffizienten links und rechts.

7. Für $k = 0, 1, 2$ und 3 in Partialbrüche zu zerlegen: $\dfrac{x^k}{(x^2-1)\,(x^2-4)}$.

Ansatz: $\dfrac{A}{x-1} + \dfrac{B}{x+1} + \dfrac{C}{x-2} + \dfrac{D}{x+2}$.

8. Man zeichne im rechtwinkligen Koordinatensystem die Bildkurve der Funktion $y = \sqrt[3]{x\,(x^2-16)}$.

9. Die Summe von zwei Zahlen ist a, die Summe ihrer Biquadrate ist b. Man berechne die beiden Zahlen. (Ihre Differenz sei mit d bezeichnet. Dann heisst die eine $(a+d):2$, die andere $(a-d):2$. Dies einsetzen.) Probe mit $a = 4$, $b = 82$.

10. Die folgenden Ungleichungen sind zu lösen, das heisst die Werte für x zu bestimmen, welche der Ungleichung genügen:

a) $0,02\,x + 10 < 12$; b) $10 - 0,02\,x < 12$; c) $\dfrac{4}{x} < x$;
d) $x\,(2\,x + 5) < 42$; e) $x\,(6 - x) < 9$.

11. Man bestimme in der xy-Ebene den Bereich sämtlicher Punkte (xy), für welche die folgenden Ungleichungen gleichzeitig erfüllt sind:

$$x - y < -2, \qquad x + y < 14, \qquad 3\,x - y > 2.$$

12. Wie heissen die Ungleichungen, durch welche die inneren Punkte des Quadrates mit den Ecken $(0,1)$, $(1,0)$, $(0,-1)$, $(-1,0)$ bestimmt sind?

13. Man beweise, dass für beliebige a, b, c stets gilt:

1. $\dfrac{a}{b} + \dfrac{b}{a} \geqq 2$; 2. $a^2 + b^2 + c^2 \geqq a\,b + b\,c + c\,a$.

14. Die Bildkurve von $y = a + b\,x^n$ enthält die Punkte

$A\begin{cases} x = 1 \\ y = 4{,}20 \end{cases}$, $B\begin{cases} 8 \\ 2{,}40 \end{cases}$, $C\begin{cases} 64 \\ 1{,}95 \end{cases}$. Man bestimme a, b, n

und skizziere die Kurve.

15. Die Bildkurven von $y = 10\,e^{cx}$ im Intervall von $x = 0$ bis $x = 10$ für $c = -0,4$ und $c = -0,1$ und $c = -0,05$ unter Benützung von Exponentialpapier im rechtwinkligen xy-System zu zeichnen.

16. Einem gleichschenkligen Dreieck mit der Basis $2a$ und mit der Schenkellänge b wird der Kreis eingeschrieben. Dann wird dem Raum gegen die Spitze hin der Kreis eingeschrieben usw. Wieviel Prozent der Dreiecksfläche werden von sämtlichen Kreisen überdeckt? Diskussion der Grenzfälle $b \to \infty$ und $b \to a$.

17. Ein Gummiball fällt aus $h = 2$ m Höhe frei herab, prallt mit $n = \dfrac{3}{4}$ der erlangten Endgeschwindigkeit wieder zurück und steigt nach oben. Dieses Spiel wiederholt sich. Wie lange dauert der ganze Vorgang und welchen Weg s hat der Ball insgesamt zurückgelegt?

18. Die Geraden $g_1, g_2, g_3, \ldots, g_n, \ldots$ bestimmen im rechtwinkligen xy-System die Achsenabschnitte 2 und -1 bzw. 3 und -2, 4 und $-3, \ldots, n+1$ und $-n, \ldots$. Man bestimme einige Nummern n, für welche die Schnittpunkte $S_{n-1, n}$ und $S_{n, n+1}$ der Geraden g_{n-1}, g_n bzw. g_n, g_{n+1} einen ganzzahligen Abstand d besitzen.

19. $x + y + z = 1$, $\dfrac{1}{x} + \dfrac{1}{y} + \dfrac{1}{z} = 1$, $a\,x + b\,y + c\,z = 1$.

Man bestimme x, y, z.

20. n Punkte bewegen sich auf einem Kreise je mit konstanter Geschwindigkeit vom gleichen Anfangsort aus gleichzeitig im gleichen Sinne mit den Umlaufszeiten $T_1, T_2 \ldots, T_n$. Die Numerierung der Punkte ist so gewählt, dass $T_1 > T_2 > T_3 > \cdots$. Man prüfe, unter welchen Bedingungen die Punkte alle wieder zusammentreffen können, wenn n grösser als 2 ist.

Prüfungsaufgaben

1. Gruppe

1. $\dot{1}1\,111|_{10}$ ist im Zweier-, Dreier- und Vierersystem zu schreiben.

2. $^{10}/_{11}$ und $^{12}/_{13}$ sind als Dualbrüche zu schreiben.

3. Die folgenden Dualbrüche sind als gewöhnliche Brüche zu schreiben:
0,100 $\underline{1011}$ $\underline{1011}$ ... und 0,1011 $\underline{100}$ $\underline{100}$ ....

4. Als Produkte zu schreiben:
$x^2 + 27\,x + 180, \quad 2\,x^2 + 42\,x + 180, \quad 2\,x^2 + 39\,x + 180.$

Lösungen: **1.** $10\,101\,101\,100\,111|_2,\ 120\,020\,112|_3,\ 2\,231\,213|_4.$

    2. $0,\underbrace{111\,010\,0\,010}...\,;\ \ 0,\underbrace{111\,011\,000\,100}....$ **3.** $\dfrac{71}{120},\ \dfrac{81}{112}.$

    4. $(x + 12)\,(x + 15),\ 2\,(x + 6)\,(x + 15),\ (x + 12)\,(2\,x + 15).$

2. Gruppe

1. Man berechne $a\,b + c^d$, $a\,(b + c^d)$, $a\,(b + c)^d$, $[a\,(b + c)]^d$, $(a\,b + c)^d$ für $a = 5$, $b = 4$, $c = 3$, $d = 2$.

2. Man berechne 2^{2^3}, 2^{3^2}, 3^{2^3}, $(2^2)^3$, $(2^3)^2$.

3. $(x\,y^2)^3\,(y\,z^2)^3\,(z\,x^2)^3 = ?$ $(a\,b^2\,c^3)^3\,(a^2\,b^3\,c)\,(a^3\,b\,c^2)^2 = ?$

4. Womit ist u^6 zu multiplizieren, damit sich u^{12} oder u^9 oder $(u^2\,v)^3$ oder $(u^2\,v)^4$ ergibt?

5. x sei der Kubus einer Zahl, die durch 11 geteilt den Rest 7 gibt. Welchen Rest gibt x?

6. a gibt durch 11 geteilt den Rest 5, b hingegen 7. Welchen Rest liefert die Zahl $a^2\,b$?

7. Welche Reste kann das Produkt von vier aufeinanderfolgenden natürlichen Zahlen bei der Teilung durch 5 ergeben?

Lösungen: **1.** 29, 65, 245, 1225, 529. **2.** 256, 512, 81, 64, 64.
    3. $(x\,y\,z)^9$, $a^{11}\,b^{11}\,c^{14}$. **4.** u^6, u^3, v^3, $u^2\,v^4$. **5.** 2. **6.** 10. **7.** 0 und 4.

3. Gruppe

1. $(2\,u^3 + 3\,v^2)^6 = ?$

2. Man bestimme das vierte Glied in der Entwicklung von $(5\,a^2 + 3\,b^3)^7$.

3. Man berechne die Summe *aller* Teiler von 2160.

Locher 4

4. Man berechne $y = 7 x^5 + 27 x^3 + 10 x^2 + 600 x + 98\,000$ für $x = 23$.

5. $(1 + x^4)^2 + (1 + x^3)^3 + (1 + x^2)^4 = ?$

Lösungen: **1.** $64 u^{18} + 576 u^{15} v^2 + 2160 u^{12} v^4 + 4320 u^9 v^6 + 4860 u^6 v^8$
$+ 2916 u^3 v^{10} + 729 v^{12}$. **2.** $590\,625\, a^8 b^9$. **3.** 7440. **4.** $45\,500\,000$.
5. $x^9 + 2 x^8 + 7 x^6 + 8 x^4 + 3 x^3 + 4 x^2 + 3$.

4. Gruppe

4. Die folgenden Ausdrücke sind nach Möglichkeit zu vereinfachen:
$(a\,b)^c - (b\,a)^c$, $(1^a + 1^b)^c$, $(1 + 1^a)^a$, $(a\,b)^{ab}$, $2 (1^a)^b - (1^b)^a$.

5. Die Zahl $21460 = (5^2 + 7^2)\,(11^2 + 13^2)$ als Summe zweier Quadrate zu schreiben.

1. Es ist $x = 4\,a\,b\,(a^2 - b^2)$, $y = a^4 + b^4 - 6\,a^2 b^2$, $z = a^2 + b^2$. Wie gross wird $a + z^4 - (x^2 + y^2)$?

2. $(a - b - c)\,(b - c - a) + (b - c - a)\,(c - a - b)$
$$+ (c - a - b)\,(a - b - c) + (a^2 + b^2 + c^2) = ?$$

3. $(3\,c^2 - d + 4)^2 - (d - 3\,c^2 - 4)^2 + (d - 4 + 3\,c^2)^2 - (d + 4 - 3\,c^2)^2 = ?$

Lösungen: **1.** 0, 2^c, 2^a, $-$, 1. **2.** $146^2 + 12^2$. **3.** a. **4.** $2\,(a\,b + b\,c + c\,a)$.
5. $4\,d\,(3\,c^2 - 4)$.

5. Gruppe

1. 15^{15} ist mit Hilfe der Zahlen $a = 243$ und $b = 125$ darzustellen.

2. Man berechne 2^{2^0}, 2^{0^1}, 0^{2^1}, $(2^2)^0$, $(2^0)^2$.

3. Die vierte Potenz einer natürlichen Zahl wird durch 7 dividiert. Welche Reste können auftreten?

4. $(1 + x)\,(1 - x^2)\,(1 + x^3)\,(1 - x^4) + 4\,x^5$
$$- (1 - x)\,(1 - x^2)\,(1 - x^3)\,(1 - x^4) = ?$$

5. $(a + b + c)\,(a + b - c)\,(b + c - a)\,(c + a - b) + (a^2 - b^2 - c^2)^2 = ?$

Lösungen: **1.** $a^3 b^5$. **2.** $2, 1, 0, 1, 1$. **3.** $0, 1, 2, 4$. **4.** $2\,x\,(1 + x^8)$.
5. $4\,b^2 c^2$.

6. Gruppe

1. $(-9) - (-8)\,\{(-7)\,(-6 - 5) - (-5)\,(6 - 7)\} - 8 - (-9) = ?$

2. $(-1) - (-3)\,\{(-5) - (-7)\,[-9 - (-7)\,(-5 - 3)]\}\,(-1) = ?$

3. Es sind alle Fälle anzugeben (in der Form $++-$, das heisst $a > 0$, $b > 0$, $c < 0$), in denen $x = a^2\,b\,c^3$ negativ ist.

4. $7\,s^3 - (s - 1)\,\{2\,s - (s - 1)\,(2\,s - 1) + 2\,s^2\}$
$$\times \{1 - (2\,s - 1)\,(s + 1) - 2\} = ?$$

5. $(-1)^3 (a - b)^2 + (-1)^2 (b - a)^2 + (-1)^3 (a - b)^3 - (b + a)^3 + 6 a b^2 = ?$

Lösungen: **1.** 568. **2.** 1379. **3.** $++-, +-+, -+-, --+$.
    4. $10 s^4 - 4 s^2 + s$. **5.** $-2 a^3$.

7. Gruppe

Möglichst weitgehend in Faktoren zu zerlegen:

1. $1 - 64 a^6$.
2. $9 u^4 - 82 u^2 v^2 + 9 v^4$ $(= 9 u^4 - 81 u^2 v^2 - u^2 v^2 + 9 v^4)$.
3. $a^7 - a^6 - a^3 + a^2$.
4. $(1 - r^2 - s^2)^2 - 4 r^2 s^2$.
5. $12^{12} - 1$ (20 593 unzerlegbar).

Lösungen: **1.** $(1 - 2 a) (1 + 2 a) (1 - 2 a + 4 a^2) (1 + 2 a + 4 a^2)$.
    2. $(u - 3 v) (u + 3 v) (3 u - v) (3 u + v)$.
    3. $a^2 (a - 1)^2 (a + 1) (a^2 + 1)$.
    4. $(1 - r - s) (1 + r + s) (1 + r - s) (1 - r + s)$.
    5. $5 \cdot 7 \cdot 11 \cdot 13 \cdot 19 \cdot 29 \cdot 157 \cdot 20\ 593$.

8. Gruppe

1. $\dfrac{3 a^2 + b^2}{a^2 + 3 b^2} - \dfrac{x^2 + x + 1}{x^2 - x + 1}$ für $x = \dfrac{a + b}{a - b}$.

2. $y = a + \dfrac{1}{a + \dfrac{1}{x}}$ für $x = \dfrac{b - a}{a^2 - a b + 1}$.

3. $s = \dfrac{1}{1 \cdot 5} + \dfrac{1}{5 \cdot 9} + \dfrac{1}{9 \cdot 13} + \cdots + \dfrac{1}{97 \cdot 101} = ?$

$$\left[\text{Mit} \ \frac{1}{4} \left(\frac{1}{k - 2} - \frac{1}{k + 2} \right) = \cdots \right]$$

4. $[(a^2 - b^2) x - 1]^2 + (2 a b x - 1)^2 - [(a^2 + b^2) x + 1]^2$

$$\text{für} \quad x = \frac{1}{4 a (a + b)}.$$

5. $x = \dfrac{(d - b) (d - c)}{(a - b) (a - c)}, \quad y = \dfrac{(d - c) (d - a)}{(b - c) (b - a)}, \quad z = \dfrac{(d - a) (d - b)}{(c - a) (c - b)}.$

Man berechne $x + y + z$.

Lösungen: **1.** 0. **2.** b. **3.** $\dfrac{25}{101}$. **4.** 0. **5.** 1.

9. Gruppe

1. $\dfrac{a + b}{x - a - b} + \dfrac{a - b}{x - a + b} = \dfrac{2 a}{x - 2 a}, \quad x = ?$

2. $\dfrac{a}{a-x} + \dfrac{b}{b+x} = \dfrac{a-b}{a-b-x}$, $\quad x = ?$

3. $\dfrac{7\,a^n}{a-1} = \dfrac{6\,a^{n+1} + a^n}{a+1} - \dfrac{3\,a^n + 6\,a^{n+2}}{a^2 - 1}$, $\quad a = ?$

4. Die Zahl a ist als Summe von drei Zahlen zu schreiben, so dass die erste zur zweiten sich wie m zu n und die zweite zur dritten sich wie p zu q verhalten. Erster Summand?

5. $\dfrac{3\,abc}{a+b} + \dfrac{a^2\,b^2}{(a+b)^3} + \dfrac{(2\,a+b)\,b^2\,d}{a\,(a+b)^2} = 3\,cd + \dfrac{bd}{a}$, $\quad d = ?$

Lösungen: **1.** a. **2.** $\dfrac{1}{2}\,(a-b)$. **3.** $-\dfrac{11}{12}$ und 0.

 4. $\dfrac{a\,m\,p}{m\,p + n\,q + n\,p}$. **5.** $\dfrac{ab}{a+b}$.

10. Gruppe

1. $\begin{cases} 3\,x - 5\,y + 3\,z = 0, \\ 2\,x + 5\,y - 16\,z = 1, \\ 7\,x + 25\,y - 17\,z = 32. \end{cases}$

2. $\begin{cases} 3\,a - 2\,b + c - 2\,d = 0, \\ 2\,a + 3\,b - c + d = 15, \\ a - 2\,b + 3\,c - 3\,d = -3, \\ -2\,a + b - 2\,c + 4\,d = 3. \end{cases}$

3. $\begin{cases} a\,x + y + z = 1, \\ x + a\,y + z = 1, \\ x + y + a\,z = 1. \end{cases}$

4. $\begin{cases} \dfrac{u}{2} + \dfrac{v}{7} + \dfrac{w}{11} = 163, \\[4pt] \dfrac{u}{7} + \dfrac{v}{11} + \dfrac{w}{2} = 281, \\[4pt] \dfrac{u}{11} + \dfrac{v}{2} + \dfrac{w}{7} = 234. \end{cases}$

Lösungen: **1.** $x = 1{,}5$; $y = 1{,}2$; $z = 0{,}5$. **2.** $a = b = c = d = 3$.
 3. $x = y = z = \dfrac{1}{a+2}$. **4.** $u = 154$, $v = 308$, $w = 462$.

11. Gruppe

1. $\sqrt{7} - \dfrac{1}{\sqrt{7} - \dfrac{1}{\sqrt{7} - \dfrac{1}{\sqrt{7}}}} = ?$

2. $\dfrac{a-b}{\dfrac{\sqrt{a}}{\sqrt{b}} - 1} = ?$ Allgemein und für $a = 7{,}5$ und $b = 19{,}2$.

3. $\sqrt{1 + \left\{\frac{1}{2}\left(x\,a^{2x} - \frac{1}{x\,a^{2x}}\right)\right\}^2} - \sqrt{\left\{\frac{1}{2}\left(x\,a^{2x} + \frac{1}{x\,a^{2x}}\right)\right\}^2 - 1} = ?$

4. $\dfrac{\sqrt{1-x} + \dfrac{1}{\sqrt{1+x}}}{1 + \dfrac{1}{\sqrt{1-x^2}}} = ?$ (Im Ergebnis nur *eine* Wurzel).

5. $2\,x\left(\sqrt{3} - 1\right) = \dfrac{2}{1 + \sqrt{3}} + \dfrac{\sqrt{2}}{\sqrt{2 + \sqrt{3}}}, \quad x = ?$

Möglichst weitgehend vereinfachen.

Lösungen: **1.** $\dfrac{29}{35}\sqrt{7}$. **2.** $b + \sqrt{a\,b}$; $31{,}2$. **3.** $\dfrac{1}{x\,a^{2x}}$.

4. $\sqrt{1-x}$. **5.** $x = 1$.

12. Gruppe

1. $\dfrac{x+b}{2\,a} + \dfrac{2\,b}{2\,a-x} = 3, \quad x = ?$

2. $m^2\,(x^2 + 1) = x\,(2\,m^2 + n^2\,x), \quad x = ?$

3. $k^2\,x^2 - k\,(a + b + 2)\,x + (a + 1)\,(b + 1)$ in ein Produkt zu verwandeln, dessen Faktoren in x linear sind.

4. Für welche *ganzzahligen* Werte von a hat $x^2 + a\,x + a^2 - 7 = 0$ zwei verschiedene reelle Lösungen?

5. $8\,x^4 - 54\,x^3 + 101\,x^2 - 54\,x + 8 = 0, \quad x = ?$

Lösungen: **1.** $6\,a$, $2\,a - b$. **2.** $\dfrac{m}{m-n}$, $\dfrac{m}{m+n}$.

3. $(k\,x - a - 1)\,(k\,x - b - 1)$. **4.** $0, \pm 1, \pm 2, \pm 3$. **5.** $4, \dfrac{1}{4}, 2, \dfrac{1}{2}$.

13. Gruppe

1. $b^2\,(x^2 + a^2) = 1 + 2\,a\,b^2\,x, \quad x = ?$

2. $84\,x^2 - 193\,x + 84$ in ein Produkt von in x linearen Faktoren zu verwandeln.

3. $\dfrac{x^2 + x + 1}{x^2 - x + 1} = \dfrac{3\,a^2 + b^2}{a^2 + 3\,b^2}, \quad x = ?$

4. $3\,x^3 - 13\,x^2 + 13\,x - 3 = 0, \quad x = ?$

5. $a\,(x^2 + a + 1) - a\,x\,(a + 2)$ in ein Produkt von in x linearen Faktoren zu verwandeln.

Lösungen: **1.** $a + \dfrac{1}{b}$, $a - \dfrac{1}{b}$. **2.** $(12\,x - 7)\,(7\,x - 12)$.

$\qquad$ **3.** $\dfrac{a+b}{a-b}$, $\dfrac{a-b}{a+b}$. **4.** $1, 3, \dfrac{1}{3}$. **5.** $(a\,x - a)\,(x - a - 1)$.

14. Gruppe

1. $6\,x^5 - 41\,x^4 + 97\,x^3 - 97\,x^2 + 41\,x - 6 = 0$, $\quad x = ?$

2. Von zwei Gegenecken eines Quadrates mit dem Inhalt 144 cm² beschreibt man mit demselben Radius Kreisbögen und gewinnt dadurch die Eckpunkte eines dem Quadrat eingeschriebenen Rechtecks, dessen Inhalt 70 cm² betragen soll. Radius?

3. Man bestimme den Schnittpunkt der Geraden AB und CD.

$$A \begin{cases} -15 \\ \ \ 35 \end{cases}, \quad B \begin{cases} -5 \\ 45 \end{cases}, \quad C \begin{cases} \ \ 25 \\ -5 \end{cases}, \quad D \begin{cases} 35 \\ 15 \end{cases}.$$

4. Die Gerade g hat die Achsenabschnitte 1, 1; die Gerade g_1 hingegen 100, 101. Schnittpunkt?

5. $a^2 + x\,(6\,x - 5\,a - 1) - 1$ ist in ein Produkt zu verwandeln, dessen Faktoren in x linear sind.

Lösungen: **1.** $1, \dfrac{1}{2}, 2, \dfrac{1}{3}, 3$. **2.** 7 cm, 5 cm. **3.** 105, 155.

$\qquad$ **4.** 10 000, $-$ 9999. **5.** $(2\,x - a - 1)\,(3\,x - a + 1)$.

15. Gruppe

1. Nenner zu rationalisieren: $\dfrac{2\,\sqrt{x\,y}}{\sqrt{x} + \sqrt{y} + \sqrt{x+y}}$.

2. $143\,(1 + x^2) - 290\,x$ als Produkt von Faktoren darzustellen, die in x linear sind.

3. Der Umfang eines einem Halbkreis eingeschriebenen gleichschenkligen Trapezes (siehe Figur) ist u. Man berechne x aus r und u. Wie gross kann u höchstens sein? Zugehöriges x?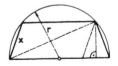

4. Parabel $y = a\,x^2 + b\,x + c$ durch $A\,(10, 3)$, $B\,(-4; 4,4)$, $C\,(-10, 11)$. Scheitel?

5. g_1 hat die Achsenabschnitte $a_1 = -20$, $b_1 = 21$.
g_2 hat die Achsenabschnitte $a_2 = -21$, $b_2 = 22$.
Schnittpunkt?

Lösungen: **1.** $\sqrt{x} + \sqrt{y} - \sqrt{x+y}$. **2.** $(11\,x - 13)\,(13\,x - 11)$.

3. $x = r \pm \sqrt{r\,(5\,r - u)}$, $u \leq 5\,r$, $x = r$.

4. $y = \dfrac{1}{20}\,(x^2 - 8\,x + 40)$, $x_S = 4$, $y_S = 1{,}2$. **5.** 420, 462.

16. Gruppe

1. Man bestimme den Scheitel der Parabel $y = a\,x^2 + b\,x + c$ durch $A(-6, 9)$, $B(0, 3)$, $C(5; 3{,}5)$.

2. Man bestimme die Schnittpunkte der Geraden durch $P(-5, 6)$, $Q(5, 8)$ mit der Kurve $y = 0{,}1\,x^2 - 0{,}4\,x + 3$.

3. Man skizziere die Bildkurve (rot) von

$$y = 0{,}1\,x^2 - 0{,}4\,x + 3 + \frac{1{,}5}{x - 2} \quad \text{zwischen} \quad x = -8 \text{ und } x = +8.$$

4. Man skizziere die Bildkurve (grün) von

$$y = 0{,}1\,x^2 - 0{,}4\,x + 3 + \frac{1{,}5}{2 - x} \quad \text{zwischen} \quad x = -8 \text{ und } x = +8.$$

Lösungen: **1.** $y = 0{,}1\,x^2 - 0{,}4\,x + 3$, $x_S = 2$, $y_S = 2{,}6$. **2.** 10; 9 und -4; 6,2. **3.** und **4.** Symmetrie beachten.

17. Gruppe

1. Man skizziere die Bildkurve von

$$y = 0{,}5\,x + \frac{4{,}5}{x - 3}$$

zwischen $x = -3$ und $x = +9$ (rot, Einheiten 1 cm).

2. Man skizziere die Bildkurve von

$$y = 0{,}5\,x + \frac{4{,}5}{3 - x}$$

zwischen $x = -3$ und $x = +9$ (grün, Einheiten 1 cm).

3. $(a - b)^{2n-1}\,(a^2 - b^2)^{-2}\,(a + b)^{2n-1}\,(b - a)^{3-2n}\,[-(a + b)]^{3-2n} = ?$

4. $\dfrac{x^{m-3} - x^{m-1}}{x^{m-2}} + \dfrac{x^{m-2} - x^m}{x^m - x^{m-1}} = ?$

5. $(-10^{-3})^{-2n} - 0{,}1\left(-\dfrac{1}{10^3}\right)^{-2n} - 0{,}01\left[-\left(\dfrac{1}{10}\right)^{-3}\right]^{2n+1} = k \cdot 10^{6n}$.

Man bestimme k.

Lösungen: **1.** Extrema (6; 4,5) und (0; $-1{,}5$). **2.** Nullst. $-1{,}854$; $+4{,}854$. **3.** 1. **4.** $-x - 1$. **5.** $k = 10{,}9$.

18. Gruppe

1. $(-10^{-2n})^{-3} - 2\left(-\dfrac{1}{10^3}\right)^{-2n} - \dfrac{3}{50}\left[-\left(\dfrac{1}{10}\right)^{-3}\right]^{2n+1} = k \cdot 10^{6n}, \quad k = ?$

2. $\left(\sqrt[3]{3}\right)^x = 9, \quad \left(\sqrt[5]{5}\right)^y = 25, \quad \left(\sqrt[3]{3}\right)^z = \dfrac{1}{3}, \quad \left(\sqrt[4]{5}\right)^{10} = 25,$

$\left(\sqrt[3]{b}\right)^2 = 1, \quad \left(\sqrt[4]{c}\right)^{-2} = 4. \quad x, y, z, a, b, c = ?$

3. $\dfrac{1}{x\sqrt[3]{x}} \cdot \sqrt[4]{x^3} \cdot \sqrt[8]{x^5} \cdot \sqrt[12]{x} = ?$

4. $xy \sqrt[n]{(x^{2n} + y^{2n})\left[\left(\dfrac{x}{y}\right)^n - \left(\dfrac{y}{x}\right)^n\right]} = ?$

5. $\left(\sqrt[3]{\dfrac{1}{y^2} + \dfrac{1}{x^2}}\right)^2 \cdot \sqrt[3]{\left(\dfrac{1}{y^2} - \dfrac{1}{x^2}\right)^2} \cdot \left(\sqrt[3]{\dfrac{xy}{\sqrt[4]{x^4 - y^4}}}\right)^8 = ?$

Lösungen: **1.** 57. **2.** $x = 6, y = 10, z = -3, a = 5, b = 1, c = 1/16$.
3. $\sqrt[8]{x}$. **4.** $\sqrt[n]{x^{4n} - y^{4n}}$. **5.** 1.

19. Gruppe

1. $\left(\sqrt[3]{\dfrac{a^2 b}{\sqrt[4]{a^4 - b^4}}}\right)^8 \cdot \left(\sqrt[3]{\dfrac{1}{a^2} + \dfrac{1}{b^2}}\right)^2 \cdot \sqrt[3]{\left(\dfrac{1}{a^2} - \dfrac{1}{b^2}\right)^2} = ?$

2. Zwischen $\dfrac{a}{b}$ und $\dfrac{b}{a}$ sind drei Zahlen einzuschalten, so dass eine geometrische Reihe entsteht. Wie heissen die Zahlen?

3. $\left(\sqrt[4]{x^3} - \sqrt[4]{y^3}\right) : \left(\sqrt[4]{x} - \sqrt[4]{y}\right) = ?$

4. Möglichst weitgehend zu vereinfachen:

$$\frac{2\sqrt{\sqrt{5} - \sqrt{3}}}{(\sqrt{5} - \sqrt{3}) \cdot \sqrt[3]{(\sqrt{5} + \sqrt{3})^2} \cdot \sqrt[6]{\sqrt{5} - \sqrt{3}}}.$$

5. Man rationalisiere den Nenner und schreibe das Ergebnis als Summe von Wurzeln mit möglichst kleinen ganzzahligen Radikanden:

$$\frac{4}{\sqrt[4]{2}\,(\sqrt[3]{2} - 1)}.$$

Lösungen: **1.** $a^2\sqrt[3]{a^2}$. **2.** $\sqrt{\dfrac{a}{b}}, 1, \sqrt{\dfrac{b}{a}}$. **3.** $\sqrt{x} + \sqrt{y} + \sqrt[4]{xy}$. **4.** $\sqrt[3]{2}$.
5. $4\sqrt[12]{32} + 4\sqrt[12]{2} + 2\sqrt[4]{8}$.

20. Gruppe

1. $a = \dfrac{1}{10\,022} = ?, \quad b = \dfrac{1}{0,010\,022} = ?$

2. $\log[9 + \log(1 + x)] = 1$, $x = ?$ **3.** $\dfrac{1}{\pi \sqrt[3]{0{,}0707}} = ?$

4. $66^{-0,06} = ?$ **5.** $2 + \log\left(\sqrt{x} - 0{,}09\right) = 0$, $x = ?$

Lösungen: **1.** $9{,}9782 \cdot 10^{-5}$; $99{,}782$. **2.** 9. **3.** $0{,}76980$. **4.** $0{,}77773$. **5.** $0{,}01$.

21. Gruppe

1. $^7\!\log 12 = ?$, $^{12}\!\log 7 = ?$

2. Die Potenzkurve $y = a\,x^n$ enthält die Punkte $A(4, 8)$ und $B(16, \tfrac{1}{4})$. Man bestimme a und n.

3. $y = 0{,}2 \cdot 0{,}8^{0,3x}$ in die Form $y = 0{,}2\,e^{cx}$ zu setzen.

4. $y = 1{,}88\,x^{0,85}$ für

$x = 2, 4, 6, 8, 10, 20, 40, 60, 80, 100$ auf Potenzpapier abzulesen.

5. Dasselbe wie Aufgabe 4 mit Hilfe aneinandergelegter logarithmischer Skalen. Die Skalen sind zu zeichnen, wobei der x-Skala die Einheit $k_1 = 8$ cm zu geben ist.

Lösungen: **1.** $1{,}2770$; $0{,}783\,08$. **2.** $y = 256\,x^{-2,5}$. **3.** $c = -0{,}066\,945$.
  4. $3{,}39 \mid 6{,}11 \mid 8{,}62 \mid 11{,}0 \mid 13{,}3 \mid 24{,}0 \mid 43{,}2 \mid 61{,}0 \mid 77{,}9 \mid 94{,}2$.
  5. Einheit der y-Skala: $9{,}41$ cm.

22. Gruppe

Es handelt sich um die Folge von einander eingeschriebenen Quadraten, deren Seiten eine geometrische Reihe bilden. $AB = \dfrac{2}{3}\,a$ (Figur).

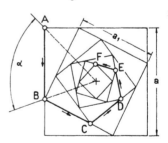

1. Wie gross ist die von den Restdreiecken unbedeckte Fläche F nach Einschreiben von 10 Quadraten?

2. Wieviele (n) Quadrate können höchstens eingeschrieben werden, wenn mindestens $p\% = 0{,}1\%$ des Ausgangsquadrates frei bleiben sollen?

3. Länge s des unbegrenzten Zuges $ABCD\ldots$?

4. Wie lang (L) ist der Streckenzug $ABCD\ldots$, wenn bei Hinzunahme einer weiteren Strecke $m = 3$ Umläufe überschritten werden?

5. Mit der wievielten Strecke und beim wievielten (m-ten) Umlauf überschreitet der Zug $ABCD\ldots$ die Länge $2{,}6\,a$?

Lösungen: **1.** $F = 0{,}002\,80\,a^2$. **2.** $n = 11$. **3.** $s = 2{,}6180\,a$. **4.** $L = 2{,}600\,a$.
  5. Mit der 18. Strecke zu Beginn des vierten Umlaufes.

Lösungen zu den Übungsaufgaben

Gruppe A: 1. Man prüfe die Teilbarkeit von $6n$, $6n+1$, $6n+2$, $6n+3$, $6n+4$ und $6n+5$. **2.** $(2n)^2$ und $(2n-1)^2$.

3. Zum Beispiel: $a^0 \cdot a^3 = a^{0+3} = a^3$ und $a^0 \cdot a^3 = 1 \cdot a^3 = a^3$.

4. Genau eine der drei Zahlen ist durch 3 teilbar, und mindestens eine der drei Zahlen ist gerade. **5.** $(5n+3)(5n+4) = 5m+2$.

6. Durch Prüfen der dritten Potenz von $7n+i$ für $i = 0, 1, 2, 3, 4, 5, 6$.

7. Durch Prüfen der dritten Potenz von $5n+i$ für $i = 1, 2, 3, 4$ erhält man die Reste 1, 3, 2, 4.

8. Durch Prüfen der vierten Potenz von $5n+i$ für $i = 0, 1, 2, 3, 4$.

9. Die drei Zahlen liefern, durch 5 geteilt, die Reste 0, 2, 4 oder 1, 3, 0 oder 2, 4, 1 oder 3, 0, 1 oder 4, 1, 3.

10. Nach einer gewissen Anzahl von Schritten ergibt sich stets 6174.

11. Man wähle als A, B, C, ... zum Beispiel Kreisbereiche, die sich teilweise überdecken.

12. Um den echten Bruch $p:q$ $(p < q)$ im Dualsystem darzustellen, bildet man die Gleichungen

$$2p = q_1 q + r_1, \quad 2r_1 = q_2 q + r_2, \quad 2r_2 = q_3 q + r_3, \dots,$$

wobei die Reste $r_1, r_2, r_3, \dots$ alle kleiner als q sind. Die Grössen $q_1, q_2, q_3, \dots$ sind die Ziffern des Dualbruches. $\frac{1}{2} = 0{,}1$; $\frac{1}{3} = 0,\underbrace{01}\,\underbrace{01}\dots$; $\frac{1}{4} = 0{,}01$;

$\frac{1}{5} = 0,\underbrace{0011}\,\underbrace{0011}\dots$; $\frac{1}{6} = 0,\underbrace{001}\,\underbrace{01}\,\underbrace{01}\dots$; $\frac{1}{7} = 0,\underbrace{001}\,\underbrace{001}\dots$.

13. $0{,}100\ 101$; $0{,}10\ \underbrace{101}\ \underbrace{101}\dots$; $0{,}101\ \underbrace{010}\ \underbrace{010}\dots$.

14. $\dfrac{6}{7}$, $\dfrac{9}{14}$, $\dfrac{53}{56}$.

16. Beispiele: Für $x = 5$, $y = 3$ wird $z = 8 \cdot 11$ mit $11 = 2^2 + 7 \cdot 1^2$. Für $x = 5$, $y = 11$ wird $z = 8 \cdot 109$ mit $109 = 9^2 + 7 \cdot 2^2$.

Gruppe B: 1. $(abc)^6$, $(uv)^{12}$, $(xyz)^{26} y^3$. **2.** 7^9 sowie 3^{15} und 3^{16}.

3. $x = 8$ bzw. $x = 12$. **4.** 19 683, 6561, 134 217 728, 729, 729, 512.

5. a^7, a^3, b^7, ab^8. **6.** 16^6, 256^3, 64^4.

7. a) $(a+b)^{c+d}$, $(a+b)^{cd}$, $(a+b)^{c^d}$; b) $ab+c+d$, $ab+cd$, $ab+c^d$; c) $(c+d)\,ab$, $cd \cdot ab$, $c^d \cdot ab$.

10. $a^6 + 6\,a^5 + 15\,a^4 + 20\,a^3 + 15\,a^2 + 6\,a + 1$, $\quad a^4 + 8\,a^3 + 24\,a^2 + 32\,a + 16$,
$32\,a^5 + 80\,a^4 + 80\,a^3 + 40\,a^2 + 10\,a + 1$, $\quad 16\,a^4 + 96\,a^3 + 216\,a^2 + 216\,a + 81$,
$64\,x^{12} + 192\,x^{10}\,y + 240\,x^8\,y^2 + 160\,x^6\,y^3 + 60\,x^4\,y^4 + 12\,x^2\,y^5 + y^6$,
$32\,x^5 + 80\,x^4\,y^3 + 80\,x^3\,y^6 + 40\,x^2\,y^9 + 10\,x\,y^{12} + y^{15}$.

11. Man berechne $X^2 + (X + 1)^2 - Y^2$. 20 und 29. **12.** Binomialkoeffizienten.

13. 2, 5, 14, 42, 132, 429.

14. Vollkommene Zahlen. Die drei kleinsten heissen 6, 28 und 496. Bis zum Jahre 1958 sind 17 vollkommene Zahlen bekannt geworden.

$$33\ 550\ 336 = 2^{12} \cdot 8191 \,,$$

wobei 8191 Primzahl ist.

15. Es sind Paare von «befreundeten Zahlen», deren Erklärung man zuerst am einfachsten Paare 220, 284 ablese.

Gruppe C: 1. $a^3 - 4\,a\,b\,c$, $\quad b^3 - 4\,a\,b\,c$, $\quad c^3 - 4\,a\,b\,c$,
$a^3 + b^3 - 2\,a^2\,b + 2\,b^2\,c - 5\,a\,b\,c$, $\quad b^3 + c^3 - 2\,b^2\,c + 2\,c^2\,a - 5\,a\,b\,c$,
$c^3 + a^3 - 2\,c^2\,a + 2\,a^2\,b - 5\,a\,b\,c$. **2.** 0, $2\,q$, $2\,p$.

4. Das Produkt von zwei Summen von je zwei Quadraten lässt sich als Summe von zwei Quadraten darstellen.

5. $a^2 - b^2$, $a^3 - b^3$, $a^4 - b^4$, $a^7 - b^7$,
$(a^n + a^{n-1}\,b + a^{n-2}\,b^2 + \cdots + a\,b^{n-1} + b^n)\,(a - b) = a^{n+1} - b^{n+1}$.

6. Das Produkt von zwei Summen von je vier Quadraten lässt sich als Summe von vier Quadraten darstellen:
$(1^2 + 2^2 + 3^2 + 4^2)\,(5^2 + 6^2 + 7^2 + 8^2) = 12^2 + 24^2 + 30^2 + 60^2$.

7. $2\,(a^2 + b^2 + c^2)$. **8.** $4\,(a^2 + b^2 + c^2 + d^2)$. **9.** 0. **10.** $24\,a\,b\,c$.

11. Die erste Differenzenreihe von a^2, $(a + 1)^2$, $(a + 2)^2, \ldots$ heisst $2\,a + 1$, $2\,a + 3, \ldots$. Die zweite Differenzenreihe also 2, 2, $\ldots$.

12. Man bilde die erste Differenzenreihe von a^4, $(a + 1)^4$, $(a + 2)^4$, $(a + 3)^4$, $(a + 4)^4$ usw. Als vierte Differenzenreihe erhält man $24 = 4!$, $4!$, $\ldots$. Allgemein $n!$.

Gruppe D: 1. -350. **2.** $350\ 410$. **3.** $2\,(-x^4 + 3\,x^3 - 5\,x^2 + 5\,x - 2)$.
4. 0. **5.** 0. **6.** 202. **7.** -705. **8.** $(x + 1)^2$. **9.** $10\,a^2 + 25\,a - 48$.
10. $1 + a + 2\,a^2 + a^3 - a^4 - a^5$. **11.** $x - x^2 + x^3$.
12. $a_{2n} = 2^n\,a_0$, $b_{2n} = 2^n\,b_0$. **13.** $s_7 = s^7 - 7\,p\,s^5 + 14\,p^2\,s^3 - 7\,p^3\,s$.
14. $a^7 + b^7$. **15.** 2^n, 0.

Gruppe E: 1. $(a\,x - b\,y)\,(a\,x + b\,y)$, $\quad (2\,x - 3\,y)\,(2\,x + 3\,y)$,
$(3\,x - 1)\,(3\,x + 1)$, $\quad (a\,b\,c - 1)\,(a\,b\,c + 1)$.
2. $4\,a\,b$, $\quad 2\,b\,(3\,a^2 + b^2)$, $\quad 8\,a\,b\,(a^2 + b^2)$.
3. $(x + a)\,(x + b)$, $\quad (x - a)\,(x - b)$, $\quad (x - a)\,(x + b)$, $\quad (x + a)\,(x - b)$.
4. $(a + 2\,b)^2$, $\quad (2\,a + 3\,b)^2$, $\quad (2\,a - 1)^3$.

5. $(x - y + 1)(x + y + 1)$, $(-x + y + 1)(x + y - 1)$,
$(a - b + c)(a + b - c)$, $(a - b - c)(a + b + c)$.

6. $2 a^2 (2 a - 1)(2 a + 1)(4 a^2 + 1)$, $2 x^2 (x - 2)(x + 2)(x^2 + 4)$,
$2 x (x - 2)(x^2 + 2 x + 4)$, $2 a (2 a - 1)(4 a^2 + 2 a + 1)$.

7. $(2 x - 2 y - 1)(2 x + 2 y - 1)$, $(x - 2 y - 2)(x + 2 y - 2)$,
$(2 a - 3 b - 2 c)(2 a - 3 b + 2 c)$, $(3 a - 2 b - 3 c)(3 a - 2 b + 3 c)$.

8. $3 (x - 11)(x + 7)$, $3 (x - 12)(x + 6)$.

9. $(a^2 x - b)(b^2 y - a)$, $(a x^2 - b^2)(b y^2 - a^2)$.

10. $(1 - a)(1 + a + a^2)$, $(1 - a)(1 + a)(1 + a^2)$,
$(1 - a)(1 + a + a^2 + a^3 + a^4)$, $(1 - a)(1 + a)(1 + a^2)(1 - a + a^2)$.

11. $(a + 1)(b + 1)$, $(a - 1)(b - 1)$, $(a + 1)(b - 1)$, $(a - 1)(b + 1)$.

12. $(2 a^2 + 3 b^2)(3 x + 2 y)$, $(2 a^2 - 3 b^2)(3 x - 2 y)$,
$(2 a^2 + 3 b^2)(3 x - 2 y)$, $(2 a^2 - 3 b^2)(3 x + 2 y)$.

13. $(3 x^2 - 1)(3 x^2 + 1)(9 x^4 + 3 x^2 + 1)(9 x^4 - 3 x^2 + 1)$,
$(a^2 b - 1)(a^2 b + 1)(a^4 b^2 + 1)(a^4 b^2 + a^2 b + 1)(a^4 b^2 - a^2 b + 1)(a^8 b^4 - a^4 b^2 + 1)$.

14. $(3 a - 2 b - c)(3 a + 2 b + c)(3 a - 2 b + c)(3 a + 2 b - c)$.

15. $(-a + b + c + d)(a - b + c + d)(a + b - c + d)(a + b + c - d)$.

16. $a (a - 1)^2 (a^2 + a + 1)$, $a (a - 1)(a + 1)(a^2 + a + 1)$,
$a (1 - a)(1 + a)(a^2 - a + 1)$.

17. $a^2 (a - 1)(a + 1)^2 (a^2 + 1)$, $a^2 (a - 1)(a^4 + 1)$.

18. $3^3 \cdot 7 \cdot 11 \cdot 13 \cdot 37$, $3^2 \cdot 11 \cdot 73 \cdot 101 \cdot 137$, $3^2 \cdot 11 \cdot 41 \cdot 271 \cdot 9091$,
$3^3 \cdot 7 \cdot 11 \cdot 13 \cdot 37 \cdot 101 \cdot 9901$.   **20.** $5 \cdot 13 \cdot 37 \cdot 109$, $5 \cdot 397 \cdot 2113$.

Gruppe F: 1. $45, 8, 140, q r, p r, p q, r, (p + q) r, p q + q r + r p$.

2. 2 und 5, 4 und 10, ... bzw. 7 und 8 und 12, 14 und 16 und 24, ...

6. $\dfrac{n}{n + 1}$.   **7.** $\dfrac{n (n + 3)}{4 (n + 1)(n + 2)}$.   **8.** $\dfrac{n}{2 n + 1}$.   **9.** $\dfrac{(3 n + 2)(n - 1)}{4 n (n + 1)}$.

10. $1 - \dfrac{1}{n!}$.   **11.** $\dfrac{1}{n!}$.   **12.** $\dfrac{1}{n! \, n! \, (n + 1)}$.   **13.** $\dfrac{1}{n!}$.

16. $\dfrac{34 + 55 x}{21 + 34 x}$, $\dfrac{987 + 1597 x}{610 + 987 x}$.

17. $2^{-10} \cdot (341 a + 683 b)$. Die Reihe der Koeffizienten lautet 0, 1, 1, 3, 5, 11, 21, 43, 85, 171, ...

Gruppe G: 1. $\dfrac{343}{223}$.

2. Um den echten Bruch $\dfrac{p}{q}$ $(p < q)$ im System mit der Basis b darzustellen, bildet man die Gleichungen $(r_i < q)$: $b p = q_1 q + r_1$, $b r_1 = q_2 q + r_2$, $b r_2 = q_3 q + r_3$, ... Die Grössen $q_1, q_2, q_3, ...$ sind die Ziffern des gesuchten

Systembruches (Beweis?). $0,1\underline{20}\ \underline{20}\ldots$; $0,\underline{24}\ \underline{24}\ldots$; $0,\underline{40}\ \underline{40}\ldots$; $0,58\underline{3}\ \underline{3}\ \underline{3}$
$0,\underline{64}\ \underline{64}\ldots$. **3.** $0,6$; $0,4$; $0,3$; $0,\underline{2497}\ldots$; $0,2$; $0,186\ z\ 35\ldots$.

4. $d = \dfrac{1}{3}\,(a + b + c)$. **5.** $\dfrac{b - a}{m + 1}$.

6. Man prüfe, ob die Differenz zweier Brüche positiv oder negativ ist.

7. Nach Annahme gilt $a\,B < A\,b$ und $b\,C < B\,c$ und $a\,C < c\,A$. Also $(a + b + c)\,(A + B) - (a + b)\,(A + B + C) = (c\,A - a\,C) + (B\,c - C\,b) > 0$.

8. $\dfrac{b + y}{b - y}$, $\dfrac{c - b}{c + b}$, $-\dfrac{1}{a}\,(5 + 2\,a)$, $m - n$, $\dfrac{2\,p}{q - p}$, $\dfrac{3\,f}{d - f}$,

$\dfrac{2\,a + 1}{2\,a + 2}$, $\dfrac{2\,r - s + t}{2\,r + s - t}$, $\dfrac{x - 4}{x - 5}$, $\dfrac{x - 2}{x - 1}$, $\dfrac{x^2 + y^2}{x^2 - x\,y + y^2}$, $\dfrac{1}{a^2 - 1}$.

9. $\dfrac{3 - 8\,x^2}{4 + 8\,x^2}$, $\dfrac{11\,u^2 - 2}{11\,u^2 + 2}$, $\dfrac{3\,a^2 + 1}{3\,(a^2 + 1)}$, $\dfrac{4\,x^3 + 1}{4\,(x^3 + 1)}$.

10. $\dfrac{1}{3\,(x - 1)}$, $\dfrac{4\,a^2}{a^2 - b^2}$, $0, 1, 0$. **11.** 3, $\dfrac{r + s}{r - s}$, $\dfrac{1}{x}$.

12. $\dfrac{1}{a^2\,b^2}$, 1, $\dfrac{1}{m + 1}$. **13.** $\dfrac{a + b}{a - b}$, $\dfrac{1}{x}$. **14.** $\dfrac{y + z - x}{x + z - y}$.

15. $a\,b$, $2\,a$. **16.** $\dfrac{2\,x}{1 + x^2}$, 0. **17.** $\dfrac{1 - n + n^4}{n\,(1 - n^2 - n^3)}$. **18.** $\dfrac{1 + x^2}{1 + x + x^2}$.

19. $\dfrac{a^4 + 3\,a^3 + a^2 - 2\,a}{a^4 + 3\,a^3 - a^2 - 6\,a - 2}$. **20.** $\dfrac{b^5 + b^4 - 2\,b^3 - b^2 + b - 1}{b^4 + b^3 - b^2 + 1}$.

21. $\dfrac{x^3 + 2\,x}{x^4 + 3\,x^2 + 1}$, $\dfrac{x^3 - 2\,x}{x^4 - 3\,x^2 + 1}$, $\dfrac{2\,x^2 + x}{x^2 + 3\,x + 1}$, $\dfrac{x - 2\,x^2}{x^2 - 3\,x + 1}$.

22. $-a$, 0, $a + b$. **23.** 0.

25. Ergebnisse in der Reihenfolge $\left\{{+ \atop +}\right.$, $\left\{{+ \atop -}\right.$, $\left\{{- \atop -}\right.$, $\left\{{- \atop +}\right.$ (nk = nicht kürzbar):
1) $a^2 - a\,b + b^2$, nk, $a^2 + a\,b + b^2$, nk; 2) nk, nk, $a^3 + a^2\,b + a\,b^2 + b^3$, $a^3 - a^2\,b + a\,b^2 - b^3$; 3) nk, $\dfrac{a^2 - a\,b + b^2}{a - b}$, $\dfrac{a^2 + a\,b + b^2}{a + b}$, nk; 4) nk, nk, $a^2 + b^2$, $a^2 - b^2$; 5) nk, nk, $a^3 + b^3$, $a^3 - b^3$.

26. (Abkürzungen wie in Nr. 25): 1) $a^4 - a^2 + 1$, nk, $a^4 + a^2 + 1$, nk; 2) nk, nk, $a^3 + 1$, $a^3 - 1$; 3) nk, $\dfrac{a^4 - a^2 + 1}{1 - a^2}$, $-\dfrac{a^4 + a^2 + 1}{a^2 + 1}$, nk; 4) $\dfrac{1 - a + a^2 - a^3 + a^4}{1 - a + a^2}$, nk, $\dfrac{1 + a + a^2 + a^3 + a^4}{1 + a + a^2}$, nk; 5) nk, nk, $-(1 + a^6)$, $1 - a^6$. **27.** $a + b + c$.

Gruppe H: 1. a) F. b) Id. c) F. d) W. e) Id. f) Id. g) W. h) F. **2.** 1. **3.** b.
4. 10. **5.** b. **6.** b. **7.** $\dfrac{1}{5}\,(6\,a - b)$. **8.** -1. **9.** 0.
10. $(a\,b - c\,d) : (a - b - c + d)$. **11.** $(a^2 + a\,b + b^2) : (a + b + 1)$.

12. $(a^2 + a b + b^2) : (1 - a - b)$.   **13.** $\frac{1}{3}$.   **14.** $(a^4 - a^3 + a^2 - b) : a^3$.

15. $(b - a^2 - a^3 - a^4) : a^3$.   **16.** 9   **17.** 17.   **18.** 1.   **19.** $(a + b) : c$.

20. $\frac{1}{c} (a^3 - b^3) : (a + b)$.   **21.** 10.   **22.** $\frac{1}{3}$.   **23.** 7.   **24.** $\frac{1}{2} (a - b)$.   **25.** a.

26. $a b c : (a + b + c)$.   **27.** $a + b$.   **28.** $(a - b)^2$.   **29.** $c (a - b) : (a + b)$.

30. $1 : 4 a (a + b)$.   **31.** $a + b + c$.   **32.** $(b c - a d) : (b + c - a - d)$.

33. $1 : (b - a)$, $(b - a) : (a^2 - a b + 1)$, $(a^2 - a b + 1) : (- a^3 + a^2 b - 2 a + b)$.

34. $1 : (1 - a)$.   **35.** $(a - 1) : a$.   **36.** $a : (1 + 4 a)$.   **37.** a.   **38.** 25.   **39.** 7.

40. 5.   **41.** 20.   **42.** 15.   **43.** 5.   **44.** $b^2 : a (b + 1)^2$.   **45.** 9.   **46.** $2 a$.

47. $a + b$, $c - a$, $c - b$.   **48.** $a + b$, $a + b$, $a + b$.   **49.** $\frac{b}{a}$, $\frac{c}{b}$, $\frac{a}{c}$.

50. 0, a, b, c.   **51.** 3, $- 7$.   **52.** 4, $- 2$.   **53.** 3, 5.

Gruppe I: **1.** $\frac{1}{2} (b - a)$.

2. $a = \frac{q u - r}{q - 1}$, $b = \frac{u - r}{q - 1}$, $q r < u$.   275, 35 und 640, 145.

3. $\frac{a - b c}{c - 1}$, $1 < c < \frac{a}{b}$ oder $\frac{a}{b} < c < 1$.   **4.** 33.

5. $\frac{b c - a d}{a + d - b - c} = 3$, $b c > a d$ und $b + c < a + d$ oder $b c < a d$ und

$b + c > a + d$. Keine Lösung für $a + d = b + c$.   **6.** $\frac{2 a b}{a + b}$.   **7.** $\frac{a h}{a + h}$.

8. $\frac{a h}{a - c}$, $\frac{c h}{a - c}$, $a < 2 c$.

9. 1) $a \frac{s - h}{a - h}$, $h \frac{a - s}{a - h}$, $a > s > h$ oder $a < s < h$;   2) $a \frac{h + d}{h + a}$,

$h \frac{a - d}{h + a}$, $d < a$;   3) $\frac{n a h}{m a + n h}$, $\frac{m a h}{m a + n h}$, m, n beliebig positiv.

10. 8,5 Std.   **11.** $\frac{b}{a}$.   **12.** $q + \frac{K}{E} (q - p)$.

13. $100 \frac{b}{a} (1 + 0{,}01 \, p) - 100 = 37{,}5\%$.

14. $p = \frac{m_1 p_1 + m_2 p_2 + m_3 p_3}{m_1 + m_2 + m_3}$, $p_1 = \frac{1}{m_1} [p m_1 + m_2 (p - p_2) + m_3 (p - p_3)]$,

$m_1 = \frac{1}{p_1 - p} [m_2 (p - p_2) + m_3 (p - p_3)]$.   **15.** $\frac{38 G}{100 - p} = 760$ kg.

16. $\frac{100 (r - q)}{p - q} = 36\%$ der ersten Sorte.   **17.** 256 kg Altm.

18. $\frac{s}{1 - s} T = 117$ kg.   **19.** $\frac{Q (s - s_1)}{s (V s_1 - G)} = 19$.   **20.** 1,8 kg.

21. $C = \dfrac{1}{c} \left[a\,A - b\,B + \dfrac{1}{2}\,p\,(a^2 - b^2) \right]$. **22.** $\dfrac{B^2}{A} - A = 25$ kg.

23. $\dfrac{Q\,t \cdot 1\,\text{kcal/}°\text{C} - P\,r}{(P+Q) \cdot 1\,\text{kcal/}°\text{C}} = 17{,}5\ °\text{C}$.

24. $\dfrac{P\,(r\,°\text{C/kcal} + 100\,°\text{C}) + Q\,t}{P+Q} = 27{,}3\ °\text{C}$.

25. $1 : \left(\dfrac{1}{a} + \dfrac{1}{b} + \dfrac{1}{c} \right)$. **26.** $z : \left(\dfrac{a}{u} + \dfrac{b}{v} + \dfrac{c}{w} \right)$.

27. 1) $\dfrac{a}{v\,(1-n)} = 5\,\text{h}$, $s = \dfrac{a}{1-n} = 30\,\text{km von } A$;

2) $\dfrac{a+v\,t}{v\,(1-n)} = 6\,\text{h}$, $s = \dfrac{a+n\,v\,t}{1-n} = 34\,\text{km von } A$;

3) $\dfrac{a}{v\,(1-n)} = 1\,\text{h}$ $s = \dfrac{a}{1+n} = 6\,\text{km von } A$;

4) $\dfrac{a+v\,t}{v\,(1+n)} = 66\,\text{min}$, $s = \dfrac{a+n\,v\,t}{1+n} = 5{,}6\,\text{km von } A$;

5) $1 : \left(\dfrac{1}{T_1} + \dfrac{1}{T_2} \right) = 72\,\text{min}$, $s = \dfrac{a\,T_2}{T_1 + T_2} = 4\,\text{km}$;

6) $\left(1 + \dfrac{t}{T_1} \right) : \left(\dfrac{1}{T_1} + \dfrac{1}{T_2} \right) = 78\,\text{min}$, $s = \dfrac{T_2 - t}{T_1 + T_2}\,a = 3{,}5\,\text{km}$;

7) $\left(\dfrac{t}{T_1} + 1 - \dfrac{1}{m} \right) : \left(\dfrac{1}{T_1} + \dfrac{1}{T_2} \right) = 54\,\text{min}$.

28. $\dfrac{m\,n\,t}{1 - m\,n} = 25\,\text{min}$, $m\,n < 1$.

29. $\dfrac{u}{u+v} \cdot t = 4\,\text{min}$ vor Vorbeigang des zweiten Zuges,

$\dfrac{u\,v}{u+v}\,t = 4\,\text{km östlich von } A$. **30.** $\dfrac{a+2\,b}{u+v-2\,w}$, $w < \dfrac{1}{2}\,(u+v)$.

31. 1) Nach $\dfrac{1}{m\,v\,(1-n)} = 2{,}4\,\text{h}$ und je $\dfrac{1}{v\,(1-n)} = 12\,\text{h}$;

2) $\dfrac{T_1\,T_2}{m\,(T_2 - T_1)} = 14{,}4\,\text{h}$ und je $\dfrac{T_1\,T_2}{T_2 - T_1} = 72\,\text{h}$;

3) $\dfrac{m-1}{m\,v\,(1+n)} = 1{,}37\,\text{h}$ und je $\dfrac{1}{v\,(1+n)} = \dfrac{12}{7}\,\text{h}$;

4) $\dfrac{m-1}{m} \cdot \dfrac{T_1\,T_2}{T_1 + T_2} = 8{,}23\,\text{h}$ und je $\dfrac{T_1\,T_2}{T_1 + T_2} = \dfrac{72}{7}\,\text{h}$;

5) $T_2 = \dfrac{h\,T_1}{h + T_1} = 5{,}68\,\text{Tage}$; 6) $\dfrac{h\,T_1}{T_1 - h} = 9{,}13\,\text{Tage}$.

Gruppe K: 1. $\frac{1}{2}(a+b)$, $\frac{1}{2}(a-b)$ bzw. $3b-7a$,

$2b-5a$ bzw. b, 0 bzw. 1, 0. **2.** $a+b$, $a-b$. **3.** a, $-a$. **4.** b, a.

5. $1:(a+b)$, 0. **6.** a, b. **7.** $2a:(a^2-b^2)$, $2b:(a^2-b^2)$.

8. $\frac{1}{2}(a+b)$, $\frac{1}{2}(a-b)$. **9.** a^2-b, b^2-a. **10.** $\frac{1}{2}(a+b)$, $\frac{1}{2}(a-b)$.

11. a, 0. **12.** $(p\,d):(a\,r-p\,c)$, $(a\,q\,d):(a\,b\,r-b\,c\,p)$. **13.** $12, 7, 4$.

14. Abhängigkeit. **15.** $-0{,}0993$, $-15{,}52$, $-7{,}58$. **16.** $0, 0, 0, 0$.

17. $b+c$, $c+a$, $a+b$. **18.** c, b, a. **19.** Abhängigkeit.

20. $1:a\,b\,c$, $-(a+b+c):a\,b\,c$, $(a\,b+b\,c+c\,a):a\,b\,c$.

21. a, $a+b$, $a+b+c$. **22.** 1, $1:a$, $1:(a+1)$. **23.** $1, 4, 720$.

24. a^2-b^2, b^2-c^2, c^2-a^2.

25. $\dfrac{(d-b)(d-c)}{(a-b)(a-c)}$, $\dfrac{(d-c)(d-a)}{(b-c)(b-a)}$, $\dfrac{(d-a)(d-b)}{(c-a)(c-b)}$.

26. $u=1$, $v=2$, $w=-1$, $x=-2$. **27.** $u=1$, $v=3$, $x=7$, $y=9$, $z=12$.

28. Für Minuszeichen: $u=\dfrac{1}{2}(a-b+c-d+e-f)$,

$$v=\frac{1}{2}(a+b-c+d-e+f), \quad w=\frac{1}{2}(-a+b+c-d+e-f),$$

$$x=\frac{1}{2}(a-b+c+d-e+f), \quad y=\frac{1}{2}(-a+b-c+d+e-f),$$

$$z=\frac{1}{2}(a-b+c-d+e+f). \quad \text{Für Pluszeichen im allgemeinen Widerspruch.}$$

Gruppe L: 1. $2a$, $3a$, $4a$, $5a$, $\dfrac{1}{2}a$, $\dfrac{1}{4}a$, $\dfrac{3}{2}a$, $2b$, $3b$, $4b$,

$\dfrac{1}{3}b$, $\dfrac{1}{4}b$, $\dfrac{2}{3}b$. **2.** $37\sqrt{2}$, $-2\sqrt{3}$, $(a+b)\sqrt{3c}$, $(a-x)\sqrt{x}:(a+x)$.

3. $31+4\sqrt{15}-6\sqrt{10}-10\sqrt{6}$, $14\sqrt{2}-5\sqrt{6}+4\sqrt{70}$, $24\dfrac{1}{4}$, 0.

4. $a(x-1)\sqrt{x+1}$, $(a+1)x\sqrt{a}$, $\sqrt{2x}$. **5.** $3-\sqrt{5}$, $6\left(\sqrt{2}-1\right)$.

6. $\sqrt{a}-\sqrt{b}$, $a+\sqrt{a}+1$, $a-\sqrt{ab}+b$.

7. $49\sqrt{7}$, $343\sqrt{7}$, 7^5, $(a-b)^3$, $x\sqrt{x}$, $x+y$, 0, $2\sqrt{ab}$, $3a-2b$.

8. $\dfrac{2b}{a^2-b^2}\sqrt{a^2-b^2}$, $\dfrac{2x(x^2+3)}{(x^2-1)^2}\sqrt{x^2-1}$, $\dfrac{1}{1+x^4}$.

9. 4, 1, $\sqrt{\dfrac{x-2}{x+2}}$, $\sqrt{u^2+v^2}$, 8. **10.** $\sqrt{2}$, $2b(a+\sqrt{ab}):(a-b)^2$.

11. $0, 1, 1, 2, 3, 5, 8, 13, \ldots$.

12. 0 und 1, 3 und 5, 20 und 29, 119 und 169.

13. $-(3+2\sqrt{2})$, $-3(4+3\sqrt{2})$, $3\sqrt{5}-5$, $\dfrac{1}{2}(3-\sqrt{3})$,

$\dfrac{1}{20}(5\sqrt{2}+2\sqrt{5}+\sqrt{70})$, $\dfrac{1}{23}(10\sqrt{6}+4\sqrt{3}+24\sqrt{2}+5)$.

14. $\sqrt{2} - \sqrt{3} + \sqrt{6} - 2$, $\sqrt{2} + \sqrt{3} + \sqrt{5} + \sqrt{6}$, $\sqrt{a} + \sqrt{b} - \sqrt{a+b}$,

$\dfrac{1}{a}\left(b - \sqrt{b^2 - ac}\right)$.

15. $\dfrac{1}{111}\left(34\sqrt{3} - 45\right)$, $\dfrac{1}{6}\left(5 + 3\sqrt{5}\right)$, $\dfrac{6}{79}\left(22 + 9\sqrt{5}\right)$,

$\dfrac{a^4 + a^3 + a + 1 - (a^3 + a^2 + a + 1)\sqrt{a}}{a^4 + a^3 + a^2 + a + 1}$.

16. $\sqrt{2}$, $\sqrt{6 \pm 2\sqrt{3}}$, $4\sqrt{2}$ und $2\sqrt{5}$, $\sqrt{2}$, $\sqrt{6 \pm 2\sqrt{5}}$, $\sqrt{2\left(9 \pm 4\sqrt{5}\right)}$.

17. $\sqrt{3} - \sqrt{2}$, $\sqrt{2} - 1$, $a + \sqrt{b}$, $a\sqrt{b} + b\sqrt{a}$, $\sqrt{x-1} + 1$,

$\sqrt{x} - \sqrt{xy}$, $\sqrt{\sqrt{3} + \sqrt{2}} \pm \sqrt{\sqrt{3} - \sqrt{2}}$.

Gruppe M: 1. $\dfrac{1}{2}$ und $\dfrac{5}{2}$, $\dfrac{6}{7}$ und $\dfrac{11}{12}$, $-\dfrac{2}{3}$ und $\dfrac{3}{2}$, $-\dfrac{1}{5}$ und $-\dfrac{1}{7}$.

2. $\dfrac{a}{b}$ und $\dfrac{b}{a}$, $\dfrac{b}{c}$ und $-\dfrac{a}{c}$. **3.** $\dfrac{ab}{c}$ und $\dfrac{c}{ab}$.

4. $\dfrac{a+b}{a-b}$ und $\dfrac{a-b}{a+b}$. **5.** $a\left(1 \pm \sqrt{2}\right)$.

6. $\dfrac{a^2 + b^2}{2b}$ und $\dfrac{a^2 + b^2}{2a}$. **7.** $\dfrac{a}{a+b}$ und -1.

8. $b - a$ und $-a$. **9.** $-m$ und $2m$. **10.** $\dfrac{1}{a+1}$ und $-\dfrac{1}{a}$.

11. $\sqrt{\dfrac{a}{b}}$ und $\sqrt{\dfrac{b}{a}}$. **12.** $(m+n)^2$ und $-(m-n)^2$.

13. 0 und $\left(\dfrac{1}{a-1}\right)^2$. **14.** ± 4. **15.** $\pm\sqrt{ab}$. **16.** 0 und $\pm 2a$.

17. $\pm\sqrt{\dfrac{ab(b-a)}{a+b}}$. **18.** $\pm\sqrt{\dfrac{2ab}{a^2 + b^2}}$. **19.** ± 5.

20. $x^2 - 7x + 12 = 0$, $x^2 - x - 12 = 0$, $x^2 + 7x + 12 = 0$, $x^2 + x - 12 = 0$.

21. $x^2 - (a+b)x + ab = 0$, $x^2 - 2ax + a^2 = b^2$, $x^2 - 6x + 4 = 0$.

22. $q = \pm(p+1)$ bzw. $\mp(p+1)$, $\pm(p-1)$, $\pm(p-1)$.

23. $y = \left(x\sqrt{a} + \dfrac{b}{2\sqrt{a}}\right)^2$. **24.** a und $a - 1$. **25.** $(a \pm 1)^2$.

26. a und b. **27.** $\pm\dfrac{a+b}{3}\sqrt{\dfrac{8a-b}{3b}}$. **28.** $-3, 2, 3$.

29. -1 und $\left[a - b \pm \sqrt{(a+b)(b-3a)}\right] : 2a = 5$ bzw. $\dfrac{1}{5}$.

30. 1 und $\left[-(a+b) \pm \sqrt{(b-a)(b+3a)}\right] : 2a = 2 \pm \sqrt{3}$.

31. $2, \dfrac{1}{2}, 3, \dfrac{1}{3}$.   **32.** $-1, 1, 1, -3 \pm 2\sqrt{2}$.

33. $1, 3, \dfrac{1}{3}, -\dfrac{1}{5}, -5$.   **34.** $\dfrac{1}{2} a\left(-5 \pm \sqrt{5}\right)$.

Gruppe N: 1. $\dfrac{1}{2} r\left(\sqrt{5} - 1\right)$.

2. $x = \sqrt{(n\,a^2 + m\,b^2) : (m + n)}$;   2,87 | 3,32 | 3,81 cm .   **3.** $\sqrt{a\,b}$.

4. $x = \sqrt{\dfrac{1}{2}\left[a^2\left(3 - \sqrt{5}\right) + b^2\left(\sqrt{5} - 1\right)\right]}$, wobei das $a > b$ anliegende Trapez

das grössere ist. 6,93 cm .   **5.** $\dfrac{1}{4}\left(u \pm \sqrt{u^2 - 16\,F}\right)$;   26,2 | 3,8 cm .

6. $\dfrac{1}{4}\left(\sqrt{u^2 + 16\,F} \pm \sqrt{u^2 - 16\,F}\right)$;   29,2 | 6,8 cm .

7. $x = \dfrac{1}{2}\left(s - a \pm \sqrt{s^2 + a^2}\right)$, $y = \dfrac{1}{2}\left(a - s \pm \sqrt{s^2 + a^2}\right)$,

$v = \dfrac{1}{a}\left(s \pm \sqrt{s^2 + a^2}\right)$;   6 | 4 | 3 bzw. -4 | -6 | $-\dfrac{1}{3}$.

8. $x = \dfrac{s}{4\,n}\left(n - 1 \pm \sqrt{n^2 + 6\,n + 1}\right)$, $y = n\,x$,

$v = \dfrac{1}{2\,n}\left(n + 1 \pm \sqrt{n^2 + 6\,n + 1}\right)$. $n = 1$: $x = y = \pm \dfrac{1}{2}\,s\,\sqrt{2}$,

$v = 1 \pm \sqrt{2}$. $n = \dfrac{2}{3}$: $x = \dfrac{3}{4}\,s$ bzw. $-s$, $y = \dfrac{1}{2}\,s$ bzw. $-\dfrac{2}{3}\,s$,

$v = 3$ bzw. $-\dfrac{1}{2}$.   **9.** $\dfrac{1}{2}\left[u \pm \sqrt{2\,u\left(u - 2\,a\,\sqrt{2}\right)}\,\right]$;   35,3 | 4,7 cm. Die erste

Lösung hat nur dann einen Sinn, wenn die Basis des Dreiecks negativ gerechnet wird.

10. 1) $r\left(\sqrt{2} - 1\right)$;   2) $r\sqrt{2 - \sqrt{2}} : \left(2 + \sqrt{2 - \sqrt{2}}\,\right) = 0,2768\,r$.

11. $\dfrac{1}{10}\left(u + 8\,r \pm 2\sqrt{16\,r^2 + 4\,u\,r - u^2}\right)$, $u \le 2\,r\left(\sqrt{5} + 1\right)$;

1,963 r und 0,637 r.   **12.** $\dfrac{1}{2\,c}\sqrt{4\,a^2\,c^2 + (a^2 - b^2 - c^2)^2}$;   29,7 cm .

13. Schenkel $= r\left(\sqrt{5} - 1\right)$.   **14.** $\dfrac{1}{2}\sqrt{2\left(r^2 + a^2\right) - \left(r^2 - a^2\right)\sqrt{5}} = 0,4536\,r$.

15. $\sqrt{a^2 + b^2 \pm 2\sqrt{a^2\,b^2 - 4\,F^2}}$; $F \le \dfrac{1}{2}\,a\,b$;   32,0 | 20,6 cm .

16. $\sqrt{P\,Q}$.   **17.** $\dfrac{1}{p}\left[-Q \pm \sqrt{Q^2 + a\,p\,(2\,P + a\,p)}\right]$;   74 cm.

18. $(a\,u + b\,v) : (u^2 + v^2) = 56\,s$; $|a\,v - b\,u| : \sqrt{u^2 + v^2} = 26,8$ m .

19. $q = \sqrt{\dfrac{1}{2}\left(\sqrt{5} - 1\right)}$.   **20.** $\dfrac{w}{2} + \sqrt{\dfrac{G}{4\,\pi\,w\,s} - \dfrac{w^2}{12}}$.

21. $\sqrt{2R\left(R \pm \sqrt{R^2 - r^2}\right)}$; $193 \mid 52$ cm. **22.** $\sqrt{\dfrac{a^3}{h} + \dfrac{h^3}{12}} = 0{,}634$ m.

23. $\dfrac{1}{2}\left(\dfrac{G+D}{2} + \sqrt{GD}\right)$.

24. 1) $r\left(\sqrt{3} - 1\right)$; 2) $r\left(\sqrt{5} - 2\right)$; 3) $r\left(\sqrt{5} - 2\right)$. **25.** $r\left(\sqrt{5} - 1\right)$ und $2\,r$.

26. $x = \dfrac{1}{2}\left(h - 2r \pm \sqrt{h^2 + 4rh}\right)$; $3{,}80 \mid -1{,}86$ cm.

27. $\dfrac{1}{4}\,r\left(\sqrt{21} - 3\right)$ bzw. $\dfrac{1}{2}\,r\left(\sqrt{3} - 1\right)$. **28.** $\dfrac{1}{4}\,r\left(\sqrt{5} - 1\right)$. **29.** $r\left(\sqrt{2} - 1\right)$.

Gruppe O: 4. $-\dfrac{4}{3}$ und 2, 8 und 5, -7 und 4, $-\dfrac{C}{A}$ und $-\dfrac{C}{B}$.

5. $y = \dfrac{5}{9}\,x + \dfrac{4}{9}$, $y = -2\,x + 1$, $y = \dfrac{11}{8}\,x + \dfrac{9}{8}$.

6. -4 und -4, 1 und 10, 60 und -72. **7.** $(4, -10)$, $(-5, 6)$, $(-5, 6)$.

8. a) $(6, 3)$; b) $(4, -10)$; c) $(-5, -4)$; d) $(-5, 6)$; e) $(6, 3)$; f) $(-2, -3)$.

9. $(100, 100)$, $(0{,}0028, 96)$. **10.** $x = m$, $y = 1$. **12.** $a = -3$, $(-2, -3)$.

13. a) $(100, 1000)$; b) $(a + b, 0)$; c) $\left(\dfrac{ab}{b-a}, \dfrac{ab}{b-a}\right)$;

d) $\left(\dfrac{a+1}{a-b}\,a, \dfrac{b+1}{b-a}\,b\right)$.

14. $x_S = 5$, $y_S = -4{,}5$ bzw. $x_S = 2{,}5$, $y_S = 6{,}25$ bzw. $x_S = -6$, $y_S = 8$.

15. $x_S = 4{,}56$, $y_S = 16{,}67$ bzw. $x_S = 12$, $y_S = -1$ bzw. $x_S = 5$, $y_S = 4$.

16. $(10, 6)$ und $(-5{,}200; \ 4{,}784)$.

Gruppe P: 1. Superposition von $y = a\,x^2$ und $y = 0{,}5\,x - 2$. Man bestimme den Scheitel allgemein.

2. Superposition von $y = 0{,}1\,x^3$ und $y = -0{,}9\,a\,x$.

3. Zu beachten: $x = a + y^2$. **4.** Zu beachten: $x = a - y^2$.

5. Zu beachten: $x = \dfrac{1}{a}\left(3 + y^3\right)$.

6. Aus der Form $y = 0{,}1\,a\,x^{\frac{3}{2}}\sqrt{1 - \dfrac{3}{x}}$ ist ersichtlich, wie die Kurve für

grosses $|x|$ verläuft. **7.** Bemerkung zu **6.** beachten.

8. bis 14. Geeignete Superposition. Diese Übungen sollten sorgfältig ausgeführt werden.

15. bis 20. Die Skizzen auf Seite 68 zeigen den ungefähren Kurvenverlauf.

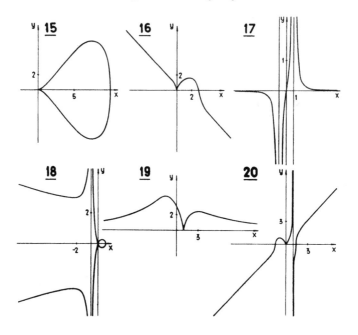

Gruppe Q: 1. 2^{12}, 823543, 2^5, 2^{-3}.

2. 3^{-7}, $3^{-7} \cdot 4^5$, $3^{-7} \cdot 4^{-4}$, 3^7, $3^7 \cdot 4^{-5}$, $3^7 \cdot 4^4$.

3. a^{n+2}, a^{2n+2}, a^{n-m+2}, a^{-n}, a^{m-1-2n}, a^{m-n-3}.

4. a^2, a^m, a^{3m+3}, a^{2m-2}, a^{m-3}, a^{3m-3}.

5. 512, $512:125$, $1:256$, 33267. **6.** 1, 1, 640. **7.** 1.

8. $16\,a^6 x^6$, $27\,a^6 b^6$. **9.** $124\,a^{12}$, $1:64$, $-1:64$, -64, $+64$, $-1:2$.

10. $a^{2n\,(2n-1)}$, $a^{2n\,(2n-1)}$, $-a^{2n\,(2n-1)}$, $a^{2n\,(2n-1)}$.

11. 2^{6n}, -2^{6n}, -2^{4n+2}, 2^{4n+2}. **12.** $-1:27$, $-1:8$. **13.** $-8,999 \cdot 10^{6n}$.

14. $1,75 \cdot 10^7$; $4,7275 \cdot 10^8$; $-\dfrac{49}{36} \cdot 10^8$. **15.** 0; $7,37 \cdot 10^{3c+1}$.

16. $a^{-n} + b^{-n}$, $a^{-2n} + a^{-n} b^{-n} + b^{-2n}$, $a^{-9} \pm 3\,a^{-6} b^{-3} + 3\,a^{-3} b^{-6} \pm b^{-9}$.

17. $8\,(a^{-9} b^{-2} + a^{-3} b^{-6})$, $2\,(a^{-12} + 6\,a^{-6} b^{-4} + b^{-8})$.

18. $\dfrac{a\,b - a^2 - b^2}{a\,b\,(a-b)}$, $\dfrac{b^4 - a^4 + 2\,a^3 b - 2\,a\,b^3 - a^2 b^2}{a^2 b^2\,(a-b)^2}$,

$\dfrac{(a-b)^3\,(b^3 - a^3) - a^3 b^3}{a^3 b^3\,(a-b)^3}$. **19.** $(a-b)^{m(n-1)}$.

20. $(-1)^{n-1}\,(a-b)^{2n}$, $(-1)^{n-1}\,(a-b)$, $(-1)^n\,(a-b)^2$,

$(-1)^{1+n}\,(a-b)^{2n-1}$, $(-1)^n\,(a-b)^{2n-2}$. **21.** $a^m - 3\,b^{2n}$.

22. $(a - b)^{2m}$, $(a + b)^{4n}$. **23.** $(1 - x^2 - x^{n-1}):x^{n+1}$, $(a + b)^3:a^n b^n$.

24. $(m - n):(m + n)$, $b:a$. **25.** $a^x + b^x$, a^n.

26. $(a^{2n} + b^{2n}) (a^n + b^n) (a - b) (a^{n-1} + a^{n-2} b + \cdots + b^{n-1})$; zerlegbar, wenn n einen echten ungeraden Teiler hat; $(a^n + b^n) (a^{2n} - a^n b^n + b^{2n})$; $(a^n - b^n) (a^{2n} + a^n b^n + b^{2n})$.

27. $1 - x - x^2 + x^5 + x^7 - x^{12} - x^{15} + x^{22} + x^{26} - \cdots$.

28. $1 + x + 2 x^2 + 3 x^3 + 5 x^4 + 7 x^5 + 11 x^6 + 15 x^7 + 22 x^8 + 30 x^9 + 42 x^{10}$
$+ 56 x^{11} + 77 x^{12} + \cdots$.

Gruppe R: 1. $(\sqrt[3]{2})^4$, $(\sqrt[3]{n})^n$. **2.** 1,122 46; 1,259 91; 1,334 82.

3. 1 und 2, 2 und 3, 3 und 4, 1 und 2, 2 und 3, 3 und 4, 3 und 4, vier, vier, $m + 1$ Stellen, wobei m die in $(s - 1):n$ enthaltene grösste ganze Zahl bedeutet. **4.** Die Exponenten der Primzahlfaktoren sind durch 2 bzw. 3 bzw. n teilbar. **5.** $\sqrt[3]{2}$, $\sqrt[3]{8}$, $2\sqrt[3]{8}$, $4\sqrt[3]{8}$.

6. $\sqrt[7]{4}$, $2\sqrt[7]{2}$, $\sqrt[n]{a^2}$, $(\sqrt[n]{a})^{n+1} = a\sqrt[n]{a}$. **7.** 1, 1.

9. 2, $\dfrac{1}{2}$, 2, $\dfrac{1}{2}$, 2, $\dfrac{1}{2}$, $\dfrac{1}{a}$, $x^0 = 1$ im allgemeinen $\neq a$.

10. 4, 27, 512, $\dfrac{1}{10}$, 0, 1, 8, -1, -8, 8, 6, 6, 0, -3, $\dfrac{1}{\sqrt{27}}$, 1, 3.

11. $2^k \sqrt{2}$; $2^k \sqrt[3]{2}$, $2^k \sqrt[3]{2^2}$; $2^k \sqrt[5]{2}$. **12.** $q = \sqrt[n+1]{b:a}$. **13.** a, 3, 100.

14. a^x, a^{2x}, $a^x \sqrt[n]{\dfrac{1}{a}}$, $a^2 \sqrt[n]{a}$, a^{x+2}, a^{x-y}, 1, a^2.

15. 1, $\sqrt[n]{a} - \sqrt[n]{b}$, $\sqrt[n]{a^2} - 2\sqrt[n]{a b} + \sqrt[n]{b^2}$, usw.

16. $a^2 - 5 a^4 b + 10 a^6 b^2 - 10 a^8 b^3 + 5 a^{10} b^4 - a^{12} b^5$ mit $b = \sqrt[10]{a}$.

17. $(a - b x^2) x \sqrt[n]{x}$, $(p y - q x) x^2 y^2 (\sqrt[n]{x y})^2$, $a b (x + a b y) \sqrt[q]{a^3 b^{q-1}}$, $u^2 v^3 (a^2 u - b^2 v) \sqrt[n]{u^3 v^2}$, $u^n v^{2n} (a u + b v) \sqrt[n]{u^{2n} v^m}$.

18. $2\sqrt[3]{9}$, $a - b$, $(\sqrt[n]{a b})^4$. **19.** 1. **20.** 1. **21.** $a b c$.

22. $(\sqrt[n]{a})^x - (\sqrt[n]{b})^y$. **23.** $\sqrt[3]{a^2} + \sqrt[3]{a} + 1$, $\sqrt[3]{a^2} - \sqrt[3]{a b} + \sqrt[3]{b^2}$.

24. $\sqrt[4]{a^3} + \sqrt[4]{a^2 b} + \sqrt[4]{a b^2} + \sqrt[4]{b^3}$, $\sqrt[5]{a^4} - \sqrt[5]{a^3 b} + \sqrt[5]{a^2 b^2} - \sqrt[5]{a b^3} + \sqrt[5]{b^4}$.

25. $\sqrt[n]{a^2}$, $\sqrt[2n]{a^2 b}$, a, $\dfrac{a}{b} \sqrt[n]{\dfrac{a}{b}}$, $\sqrt[2n]{\dfrac{a^2}{b}}$, $\dfrac{a}{b c} \sqrt[mnr]{a^{mr} b^{nr} c^{2mn}}$.

26. $a^4 b^5$, $a b^2$. **27.** $2 + \sqrt{2} + \sqrt[3]{2} + \sqrt[3]{4} + 2\sqrt[3]{8} - \sqrt[5]{4} + 2\sqrt[12]{32} - 2\sqrt[15]{256}$.

28. -1, 2, $\sqrt[n]{a}$, $\sqrt[3]{(u - v)^2 (u + v)}$.

29. $\sqrt[16]{2}$, $\sqrt[16]{a}$, $\sqrt[27]{a^{10}}$, $\sqrt[n^3]{a^{n^3+n^2+n+1}}$, $\sqrt[n^3]{a}$.

30. $\sqrt[mn]{\left(\dfrac{a}{b}\right)^{m+n}}$, $\sqrt[12]{\dfrac{1}{ab}}$, $\sqrt[6]{2}$, $\sqrt[3]{2}$, $\sqrt[7]{a}$, $\sqrt[7]{(a^m - b^m)^{n-1}}$,

$\sqrt[7]{(a^m - b^m)^{n-1}(a^{m-1} + a^{m-2}b + \cdots + b^{m-1})}$, $\sqrt[7]{(a-b)^n : (a^n - b^n)}$.

31. $x\sqrt[6]{xy^4}$, $\sqrt[3]{\sqrt{x+y} - \sqrt{x-y}}$, $\dfrac{1}{3}\sqrt[5]{3}\left(\sqrt{5} - \sqrt{2}\right)$ $\sqrt[20]{\sqrt{5} - \sqrt{2}}$.

32. $(a + 2\sqrt[3]{a^2 b} + 2\sqrt[3]{a b^2} + b) : (a - b)$, $\left(\sqrt[4]{a} + \sqrt[4]{b}\right)^2 \left(\sqrt{a} + \sqrt{b}\right) : (a - b)$,

$\left(\sqrt[6]{a} - \sqrt[6]{b}\right)^2 \left(\sqrt[3]{a} + \sqrt[3]{b}\right) : (a - b)$, $\left(\sqrt[6]{a} - \sqrt[6]{b}\right)^2 \left(\sqrt[3]{a^2} + \sqrt[3]{ab} + \sqrt[3]{b^2}\right) : (a - b)$.

33. $\left(\sqrt[9]{ab}\right)^2$.   **34.** $\sqrt[9]{(a-b)^2}$.

Gruppe S: 1. 8, 2465, 6, 49.   **2.** $\dfrac{3}{4}\sqrt{3}$, $\dfrac{25}{2}$, $\dfrac{2}{3}$.

3. 17,01 | 170,1 | 1701 | 20,30.

4. Zu multiplizieren mit $a^{\frac{m}{n}}$, $a^{-\frac{m}{2n}}$, $a^{\frac{n-m}{n}}$, $a^{m-1-\frac{m}{n}}$, $a^{\frac{m}{n}\left(\frac{m}{n}-1\right)}$.

Zu potenzieren mit 2, $\dfrac{1}{2}$, $\dfrac{n}{m}$, $\dfrac{n}{m}(m-1)$, $\dfrac{m}{n}$.

5. $\sqrt{a^2 - b^2}$, $\sqrt{a^2 - b}$, $\sqrt{a+b}\,\sqrt[6]{a-b}$.   **6.** $10\sqrt[5]{a^4 b} + 20\sqrt[5]{a^2 b^3} + 2b$.

7. $\sqrt[3]{a^2} + \sqrt[3]{\dfrac{a}{b}} + \sqrt{\dfrac{1}{b^2}}$, $a\sqrt{a} + \sqrt{a} + \sqrt[3]{\dfrac{1}{a}}$, $2\sqrt{x^2} + 7\sqrt[3]{x^2}$, $\dfrac{3}{4}\sqrt[3]{a^2} + \dfrac{5}{3}\sqrt[3]{b^3}$.

8. $\sqrt[3]{a}$.   **9.** $\sqrt{2x}$.   **10.** $\sqrt[6]{\dfrac{1}{3}}$.   **11.** $\sqrt[4]{3x - 2y}$.   **12.** $4x^2 - 2$.   **13.** $a + b$.

Gruppe T: 1. $2a + b$, $3(a+b)$, $b - a$, $1 - a + 2b$, $b - 3a$, $2(a-1)$, $a - b - 1$, $1 + 2a + 2b$, $1 + 5a + 4b$.

2. $\dfrac{1}{2}\log a + \dfrac{1}{4}\log b$, $\dfrac{n^2 + n + 1}{n^2}\log a$, $\dfrac{1}{2}\log(a+b) - \dfrac{1}{4}\log a - \dfrac{1}{4}\log b$,

$\dfrac{1}{2}\log a + \dfrac{1}{2}\log b - \dfrac{1}{3}\log(a+b) - \dfrac{1}{6}\log(a-b)$.

3. $\dfrac{\sqrt[3]{a^2} \cdot \sqrt[3]{b^3}}{\sqrt[7]{c^4}}$, $\sqrt[3]{\dfrac{1}{a^2}}$, $\dfrac{1}{\sqrt{a+b}}$, $\sqrt[2n]{1+a}$, $\sqrt{\dfrac{a+b}{(b+c)(c+a)}}$, $a^{1+\frac{1}{a}+\frac{1}{a^2}}$

4. $1,6003 \cdot 10^{23}$.   **5.** $0,464\,16$ | $0,215\,44$ | $0,1$ | $0,046\,416$.   **6.** $7,3630$.

7. $99,890$.   **8.** $9,9890 \cdot 10^{-5}$.   **9.** $1,0269$.   **10.** $2,2858$.

11. $2,5938$ | $2,7048$ | $2,7170$.   **12.** $1,1112$.   **13.** $1,575\,38$.

14. $6,2311 \cdot 10^{-14}$, $6,2311 \cdot 10^7$, $1,6048 \cdot 10^{-8}$.   **15.** 10; 10^{10}; $1,2589$.

16. $0,002\,470\,6$ | $0,037\,323$ | $4,9294$.   **17.** $x = 1,2770$, $y = 0,783\,08$.

18. 99.   **19.** $0,467\,65$.   **20.** $119^{116} < 118^{117} < 117^{118}$.

21. $1,1284$ m; $0,079\,577$ m².   **22.** $4,8359$ m²; $0,094\,032$ m³.

23. 10^{19}, 10^{-42}; 10^8, rund $10^{3,697 \cdot 10^6}$.

Gruppe U: 1. 0,159 65. **2.** 0,517 95 | 0,533 67.

3. $2,3265 \cdot 10^{-20}$, $3,3538 \cdot 10^{-10}$. **4.** 9,9658 bzw. 6,2877. **5.** 359,06.

6. 3,3219 | 6,6439 | 9,9658 | − 3,3219 | − 6,6439 | − 9,9658.

7. $10 \mid 5 \mid \dfrac{10}{3} \mid \dfrac{5}{2} \mid 2 \mid -10 \mid -5 \mid -\dfrac{10}{3} \mid -\dfrac{5}{2} \mid -2.$

8. 1,5 | − 0,5 | − 0,650 52. **9.** Unbestimmt, **10.** a^2, a^a, $\sqrt[a]{a}$.

11. a^a; $\sqrt[a]{a}$, 1. **12.** 1,5850 | 0,630 93 | −1,7370 | −1,4650 | −1,5850 | −0,630 93.

13. $e^{0,603\,15\,x}$, $e^{1,0986\,x}$, $2 \cdot e^{0,921\,04\,x}$, $10 \cdot e^{-1,0397\,x}$.

14. $y = 21\,x^{-1}$, $y = 64\,x^{-1,5}$, $y = 0,408\,38\,x^{1,2920}$.

15. $y = 10 \cdot e^{-0,236\,54\,x}$; 10 und 0,939 16.

16. 142,9 mm, 2,99 und 6,51 bzw. 92,6 mm, 5,43 und 17,98.

17. $4,07 \cdot 10^2 \mid 1,32 \cdot 10^3 \mid 2,64 \cdot 10^3 \mid 4,30 \cdot 10^3 \mid 6,28 \cdot 10^3 \mid 2,04 \cdot 10^4 \mid 6,63 \cdot 10^4 \mid$
$1,32 \cdot 10^5 \mid 2,15 \cdot 10^5$ bzw. 2,65 | 2,15 | 1,90 | 1,75 | 1,63 | 1,33 | 1,08 | 0,954 | 0,875.

19. Nach 18 Zeiteinheiten: $2,026\,k$ bzw. $2,407\,k$ und $2,854\,k$ und $5,560\,k$.

20. 1,2 | 1,50 | 1,875 | 2,34 | 2,93 | 3,66 | 4,58 | 5,72
und 1,2 | 0,960 | 0,768 | 0,614 | 0,492 | 0,393 | 0,315 | 0,252.

21. Man prüfe die Ablesungen mit einer Tafel für e^x.

Gruppe V: 1. $493,9\,a$, $s = 5\,a$, $n = 4$. **2.** $x = \dfrac{2}{2+n} = \dfrac{1}{10}\cdot\cdot$

3. $n = 21$. **4.** $\dfrac{a}{l} = 1 - q$. **5.** $a = l\,(q-1) : (q^n - 1) = \dfrac{2048}{4095}\,l$.

6. $\dfrac{1}{2}\,(3 - \sqrt{5})$. **7.** $q = \sqrt[n]{\dfrac{b}{a}}$, $h_1 = \dfrac{\sqrt[n]{b/a} - 1}{b/a - 1}\,h$. **8.** $0,2824\,L_0$.

9. $x = \dfrac{\log q - 2}{\log (1 - 0,01\,p)} \approx 15,3$. **10.** $(0,9)^n\,p = 0,3487\,p$.

11. $(a^{n+1} - b^{n+1}) : (a - b)$; $(a^{n+1} + b^{n+1}) : (a + b)$ für gerades n,
$(a^{n+1} - b^{n+1}) : (a + b)$ für ungerades n. **12.** $\dfrac{a}{b - c\,x}$, $\dfrac{a}{b + c\,x}$.

Gruppe W: 1. $24\,(a\,b\,c + b\,c\,d + c\,d\,a + d\,a\,b)$. **2.** d und d^2.

3. $\dfrac{33}{100}$. **4.** $211 + 1001\,k$. **5.** 28 und 30.

6. Für $k = 0$: $A = \dfrac{1}{2}$, $B = -1$, $C = \dfrac{1}{2}$.

Für $k = 1$: $A = \dfrac{1}{2}$, $B = -2$, $C = \dfrac{3}{2}$.

Für $k = 2$: $A = \dfrac{1}{2}$, $B = -4$, $C = \dfrac{9}{2}$.

7. Für $k = 0$: $A = -\dfrac{1}{6}$, $B = \dfrac{1}{6}$, $C = \dfrac{1}{12}$, $D = -\dfrac{1}{12}$.

Für $k = 1$: $-\dfrac{1}{6}$, $-\dfrac{1}{6}$, $\dfrac{1}{6}$, $\dfrac{1}{6}$. Für $k = 2$: $-\dfrac{1}{6}$, $\dfrac{1}{6}$, $\dfrac{1}{3}$, $-\dfrac{1}{3}$.

Für $k = 3$: $-\dfrac{1}{6}$, $-\dfrac{1}{6}$, $\dfrac{2}{3}$, $\dfrac{2}{3}$.

8. Siehe Figur. Die Tangenten bei $x = 0$ und $x = \pm 4$ sind vertikal. $y = x$

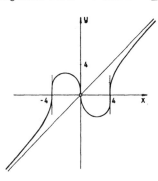

ist Asymptote. **9.** $d^2 = -3\,a^2 \pm 2\,\sqrt{2\,a^4 + 2\,b}$. Probe: 1 und 3.

10. a) $x < 100$; b) $x > -100$; c) $-2 < x < 0$ und $x > 2$; d) $-6 < x < 3,5$
e) $x \neq 3$. **11.** Innere Punkte des Dreiecks mit den Ecken $(2,4)$, $(6,8)$, $(4,10)$.

12. $-1 < x + y < 1$, $-1 < y - x < 1$.

13. 1. Stets gilt $(a - b)^2 \geqq 0$, also $a^2 + b^2 \geqq 2\,a\,b$. Die angegebene Ungleichung ist also für beliebige a, b richtig, sofern nur a und b beide positiv oder beide negativ sind. 2. Aus $a^2 + b^2 \geqq 2\,a\,b$, $b^2 + c^2 \geqq 2\,b\,c$ usw. Für

beliebige a, b, c gültig. **14.** $y = 1,8 + 2,4\,x^{-\frac{2}{3}}$.

15. Ergebnisse für $x = 6$, 8 und 10: $0,907\,|\,0,408\,|\,0,183$ und $5,49\,|\,4,49\,|\,3,68$
und $7,41\,|\,6,70\,|\,6,07$.

16. $x = \dfrac{25\,\pi}{b}\,\sqrt{b^2 - a^2}\,\%$, $x \to 25\%$ bzw. 0%.

17. $\dfrac{1 + n}{1 - n}\,\sqrt{\dfrac{2\,h}{g}} = 4,47$ s, $s = \dfrac{1 + n^2}{1 - n^2}\,h = 7,14$ m.

18. $d = 2\,\sqrt{n^2 + (n + 1)^2}$. Zum Beispiel wird für $n = 3$, 20, 119 der Abstand $d = 10$ bzw. 58,338. Vgl. B 11 und L 12.

19. Drei Lösungen (x, y, z): $\dfrac{c - 1}{b - a}$, $\dfrac{1 - c}{b - a}$, 1 und $\dfrac{b - 1}{c - a}$, 1, $\dfrac{1 - b}{c - a}$,

und 1, $\dfrac{1 - a}{b - c}$, $\dfrac{a - 1}{b - c}$. **20.** Dann und nur dann, wenn die Frequenzunterschiede $\dfrac{1}{T_2} - \dfrac{1}{T_1}$

$\dfrac{1}{T_3} - \dfrac{1}{T_1}$, $\dfrac{1}{T_4} - \dfrac{1}{T_1}$, ... sich wie natürliche Zahlen verhalten.